Mitarbeiterbefragung

Strategie- und Informationsmanagement

Band 29

herausgegeben von
Univ.-Prof. Dr. Christian Scholz

Christian Scholz
Stefanie Müller
Felix Eichhorn
(Hrsg.)

Mitarbeiterbefragung

Aktuelle Trends und hilfreiche Tipps

Rainer Hampp Verlag   München und Mering 2012

Bibliografische Information der Deutschen Nationalbibliothek

Die Deutsche Nationalbibliothek verzeichnet diese Publikation in der Deutschen Nationalbibliografie; detaillierte bibliografische Daten sind im Internet über http://dnb.d-nb.de abrufbar.

ISBN 978-3-86618-676-7 (print)
ISBN 978-3-86618-776-4 (e-book)
Strategie- und Informationsmanagement: ISSN 0934-4179
DOI 10.1688/9783866187764

© 2012   Rainer Hampp Verlag   München und Mering
          Marktplatz 5   D – 86415 Mering

          www.Hampp-Verlag.de

Liebe Leserinnen und Leser!
Wir wollen Ihnen ein gutes Buch liefern. Wenn Sie aus irgendwelchen
Gründen nicht zufrieden sind, wenden Sie sich bitte an uns.

Vorwort

Der vorliegende Text ist im Wesentlichen das Ergebnis eines meiner Seminare aus dem Bereich Personalmanagement der Universität des Saarlandes.

Diese Aussage vorauszustellen bedeutet keine vorauseilende Entschuldigung. Genau das Gegenteil ist der Fall: Hier haben sich Studierende umfassend mit einer scheinbar einfachen und „gelösten" Thematik befasst, mit dem Ergebnis, dass es sich hier weder um eine einfache, noch um eine gelöste Fragestellung handelt.

Gerade die aktuellen Trends zum Beispiel in Richtung auf standardisierend-vereinfachende Automatik machen Mitarbeiterbefragungen fataler Weise gegenwärtig mehr zu einem Ziel an sich und weniger zu einem Mittel, mit dem man personalwirtschaftliche Ziele erreichen möchte.

Die Studierenden agieren dabei in einer Doppelrolle: Zum einen sind sie wissenschaftliche gut ausgebildeten Experten, zum anderen aber auch zukünftig Betroffene. Genau dies erklärt, warum sie die etwas unkonventionelle Aufgabenstellung akzeptiert haben: In den zwei Tagen (und einer Nacht) unseres gemeinsamen Blockseminars wurden nicht etwa lange Referate gehalten. Vielmehr gab es die etwas überraschende Aufforderung, die wichtigsten Erkenntnisse in einen 100 Seiten starken Text zusammenfügen, der danach noch etwas vom Lehrstulteam ergänzt und zum vorliegenden Buch wurde.

Sicherlich sind nicht alle Aussagen neu und revolutionär – was aber auch nicht unser Anspruch ist. Es gibt aber sehr wohl einiges Konkretes (wie Aussagen zu Benchmarking), einiges besonders Bemerkenswertes (wie Überlegungen zu Macht und Angst), einiges Originelles (wie der Abschnitt zu Organisationsentwicklung), einiges Aktuelles (wie Diversity) und einiges Grundlegendes (wie die Darwiportunismuslogik).

In jedem Fall aber: Das Ergebnis kann sich sehen lassen und ich bin mir sicher, Wissenschaftler, Berater und Praktiker werden daraus Nutzen ziehen!

Saarbrücken, im August 2011   Christian Scholz

Mit Beiträgen von

Michael Beck	Li Yi
Kirsten Brackertz	Ulrike Moritz
Janine Bradfisch	Raphael Müller
Kathrin Deppert	Stefanie Müller
Felix Eichhorn	Kristina Nolte
Frankziska Elster	Okka Pundt
Marisa Franke	Frank Schneider
Daniel Grünbaum	Theresa Schneider
Michael Hahn	Christian Scholz
Michaela Hoffmann	Stefanie Schoop
Michael Koch	Kirsten Schumacher
Christina Kron	Stefan Stieler
Orkide Küman	Susanne Weigel
Waltraud Kuhn	Jaqueline Wimalasooriyar

Inhaltsverzeichnis

1 Worum geht es? At the Beginning[*]

Mitarbeiterbefragungen erfahren in den letzten Jahren eine zunehmende Popularität und Verbreitung. Diese Entwicklung wird durch die Erkenntnis geprägt, dass die Akzeptanz und Einstellungen der Mitarbeiter wesentliche Erfolgsfaktoren für unternehmerische Veränderungs- und Entwicklungsprozesse darstellen. Hinzu kommen unternehmensexterne Einflussfaktoren, wie der existente Fachkräftemangel, die erfordern, dass Unternehmen sich zunehmend als attraktive Arbeitgeber am Arbeitsmarkt positionieren. Dazu gehört aber auch, dass man Kenntnisse davon hat, wie die Mitarbeiter selbst das Unternehmen als Arbeitgeber einschätzen, was sie motiviert und wie man Mitarbeiter langfristig binden kann. Auch hierzu kann die Mitarbeiterbefragung wichtige Erkenntnisse liefern.

„Unter einer Mitarbeiterbefragung versteht man ein Verfahren der Unternehmensanalyse, mit dem Ansichten, Einstellungen und Wünsche von Mitarbeitern im Unternehmen erhoben werden."[1] Der Einsatz einer Mitarbeiterbefragung als personalwirtschaftliches Instrument ist dabei mit den unterschiedlichsten Fragestellungen verbunden: Warum wird eine Mitarbeiterbefragung eingesetzt? Was soll bei den Mitarbeitern überhaupt abgefragt werden? Wer ist für den Prozess der Mitarbeiterbefragung zuständig? Welche datenschutzrechtlichen Gegebenheiten müssen beachtet werden? Oder wie können IT-Lösungen zur Vereinfachung bei der Durchführung einer Mitarbeiterbefragung beitragen?

Die Beantwortung dieser Fragen ist für den Erfolg einer Mitarbeiterbefragung von essentieller Bedeutung, denn eine nicht richtig durchgeführte Mitarbeiterbefragung kann verheerende Konsequenzen nach sich ziehen. Wenn beispielsweise die Ergebnisse der Befragung den Mitarbeiter nicht direkt kommuniziert werden, kann dies negative Auswirkungen auf deren Motivation haben und zudem das Vertrauen in das Unternehmen nachhaltig (schädlich) beeinflussen. Gleiches gilt für angekündigte

---

[*] Stefanie Müller

Veränderungsmaßnahmen, die beispielsweise aus den Ergebnissen einer Mitarbeiterbefragung abgeleitet wurden, aber nur halbherzig umgesetzt werden.

Dennoch sind Mitarbeiterbefragungen nicht nur aufgrund ihrer Resultate wichtig – wenngleich sie als erfolgsrelevante Informationsquelle einzustufen sind. Auch die Tatsache, dass überhaupt nach der Meinung der Mitarbeiter gefragt wird, kann als Bestandteil eines symbolischen Managements positiv bewertet werden – sollte allerdings, und das wird auch Thema dieses Buches sein, nicht als einziger Auslöser für die Durchführung einer Mitarbeiterbefragung herangezogen werden.

Das Buch thematisiert zunächst Auslöser und Anwendungsbereiche einer Mitarbeiterbefragung. Dazu gehört zunächst der gesamte Bereich des Veränderungsmanagements (Change) oder Qualität und Quantität der Personalentwicklung. Danach wird analysiert, wer an einer Mitarbeiterbefragung beteiligt ist und welche Beziehungen psychologischer Art zwischen diesen Akteuren bestehen. Auf Grundlage dieser Beziehungen wird auch erläutert, wie Ansgt und Macht als Kontextfaktoren die Ergebnisse einer Befragung beeinflussen können. Erst danach rückt die eigentliche Gestaltung einer Befragung in den Mittelpunkt und die verschiedensten zu berücksichtigenden Aspekte – angefangen auf der rechtlichen Seite, über formale Aspekte hin zur Berücksichtigung von Diversity und der Durchführung einer Mitarbeiterbefragung – kommen zur Sprache. Abschließend werden die ebenso wichtigen Fragen nach der Kommunikation der Ergebnisse und der Umsetzung abgeleiteter Aktionen betrachtet.

Quellennachweis

[1]   *Scholz, Christian*, Personalmanagement. Informationsorientierte und verhaltenstheoretische Grundlagen, München (Vahlen) 5. Aufl. 2000, 433.

2 Anwendungsbereiche – Tell me why: …

Zunächst einmal geht es an dieser Stelle um die Frage, warum eine Mitarbeiterbefragung im Unternehmen durchgeführt wird. Auch wenn bei manchen Personalverantwortlichen der Wunsch nach einer Befragung, in der bestätigt wird, dass Alles gut ist, so wie es ist, groß sein mag, ist die Mitarbeiterbefragung doch vorrangig ein Werkzeug des Change Managements . Sie kann dazu eingesetzt werden, Veränderungsprozesse durch Benchmarking zu initiieren, konkrete Enwicklungsbedarfe zu identifizieren, aber auch dazu, den Wandel voranzutreiben und nachhaltig zu sichern.

2.1 Change initiieren[*]

Am Anfang fast jeder Veränderung steht eine Umweltentwicklung, die einen Anpassungsprozess notwendig macht. Zwar können sich Unternehmen kurzfristig diesem Anpassungsprozess entziehen, langfristig findet man sich so jedoch auf der Liste der aussterbenden Arten wieder. Daher muss ein Unternehmen stets dafür sorgen, dass Mechanismen existieren, die Wandel anregen.

2.1.1 Warum Change? Survival of the fittest

Heute finden sich Unternehmen ganz anderen Herausforderungen gegenübergestellt als noch vor 10 bis 15 Jahren. Damals war es vollkommen ausreichend, konstant gute Leistungen zu erbringen, sprich gute Waren zu produzieren und gute Dienstleistungen anzubieten. Mittlerweile reicht es nicht mehr aus nur „gut" zu sein.[2] Die Umwelt entwickelt sich ständig weiter. Politisch-rechtliche, ökonomische, sozio-kulturelle sowie technologische Entwicklungen stellen neue Anforderungen an Unternehmen.[3]

---

[*] Theresa Schneider

Entscheidend für das langfristige Überleben eines Systems und somit eines Unternehmens, ist die Art, wie mit dieser Dynamik umgegangen wird. Eine Möglichkeit besteht darin, sich von der Umwelt abzuschotten, sich wie ein Igel zusammen zu rollen und der Welt die Stacheln zu zeigen. Dass diese Taktik in der heutigen Zeit nicht mehr sinnvoll ist, wird deutlich, wenn man die Vertreter des Tierreiches betrachtet. Lange Zeit konnten die Igel sich dadurch einen Vorteil gegenüber Fressfeinden verschaffen. Im Zeitalter ausgeprägter Motorisierung wird jedoch deutlich, dass diese Methode an ihre Grenzen stößt.

Übertragen auf die wirtschaftliche Situation bedeutet dies, dass Unternehmen sich allerhöchstens kurzfristig erlauben können, nicht zu reagieren. Zum Beispiel können sie sich durch Monopolstellung oder rechtlichen Patentschutz vom Wettbewerb abschotten. Langfristig werden Unternehmen, welche diese Taktik bevorzugen, in einer dynamischen Welt aber nicht erfolgreich sein können. [4]

Eine andere Alternative besteht in der kontinuierlichen Anpassung an die Umwelt. Aufbau- und Ablauforganisation des Unternehmens werden vollständig reorganisiert und auf die aktuelle Situation ausgerichtet.[5] Das diese Methode erfolgversprechender ist, wird durch die Darwin'sche Evolutionstheorie unterstützt: „... variations, however slight, and from whatever cause proceeding, if they be in any degree profitable to the individuals of a species, in their infinitely complex relations to other organic beeings and to their physical conditions of life, will tend to the preservation of such individuals...".[6] Change Prozesse sind also notwendig, um erfolgreich zu bleiben!

2.1.2 Was sind Change-Prozesse?

In der wirtschaftswissenschaftlichen Literatur stolpert man auf der Suche nach Definitionen für Change-Prozesse immer wieder über die Begriffe „Wandel", „Reorganisation" und „Organisationsentwicklung". Teilweise werden diese Bezeichnungen synonym verwendet oder unpräzise voneinander abgegrenzt, sodass eine konkrete Begriffsdefinition zunächst schwierig erscheint. Gemeinsamkeiten bestehen aber in dem allgemeinen Verständnis, dass all diese Begrifflichkeiten eine organisatorische Bewegung von einem Zustand in einen anderen beschreiben.[7] Somit kann dieses gemeinsame Merkmal zur Formulierung einer Definition verwendet werden.

> Ein Change-Prozess ist eine geplante organisatorische Bewegung von einem Zustand in einen anderen Zustand.

Dabei wirken Veränderungsprozesse zeitgleich auf zwei verschiedenen Ebenen:

- Auf fachlicher Ebene stellen Veränderungsprozesse sachlich und analytisch geplante Maßnahmen dar, die die Aufbau- oder Ablauforganisation eines Unternehmens betreffen und bewusst eingeleitet werden. Bestehende Organisationsstrukturen werden beispielsweise durch die Bildung neuer Abteilungen oder Zusammenlegung bestehender Einheiten verändert. Diese Form der Veränderung tritt besonders bei Unternehmensfusionen auf, wenn unterschiedliche Unternehmensstrukturen aufeinander treffen und zu einem Konstrukt umgewandelt werden. Gleichzeitig sind oft bestehende Prozesse von Veränderungen betroffen. Das ist zum Beispiel der Fall, wenn Arbeitsabläufe mittels einer neuen Software automatisiert werden sollen.

- Die psychologische Ebene betreffend dürfen Unternehmen nicht vergessen, dass bei jedem Change-Prozess auch Mitarbeiter betroffen sind. Neben der Ablauf-, Aufbau- und Organisationsstruktur ist die Unternehmenskultur, die von allen Mitarbeitern in Form von Werten und Grundannahmen gemeinsam getragen wird[8], als ebenso wichtig anzusehen. Sollen die Werte und Grundannahmen geändert werden oder kommt es zu einem Misfit von Unternehmenskultur und der sich verändernden Organisation, können enorme (psychologische) Spannungen entstehen. Die Reaktionen der Mitarbeiter auf Veränderungen können nicht geplant werden, sind aber mindestens genauso ausschlaggebend für die erfolgreiche Umsetzung einer Veränderung, wie ein durchdachter Veränderungsplan.[9]

Jede dieser zwei Ebenen beeinflusst dabei die jeweils andere Ebene. So können Änderungen auf der fachlichen Ebene psychologische Prozesse auslösen, genauso, wie eine Änderung des Wertesystems strukturelle Änderungen nach sich zieht.

2.1.3 Warum ist Change schwierig?

In der Theorie wird gezeigt, dass Change notwendig ist. In der Praxis fällt es den Unternehmen jedoch schwer, sich zu verändern und anzupassen. Die Tatsache, dass 38 % aller eingeleiteten Change-Prozesse fehlschlagen[10], verdeutlicht, dass Unternehmen durchaus wissen, wie wichtig Veränderungen sind, es ihnen aber schwer fällt diese richtig durchzuführen.

Die vier wesentlichen Gründe für das Scheitern von Veränderungsprozessen sind[11]
- Widerstand der Mitarbeiter (30 %),
- mangelhafte Prozesssteuerung (25 %),
- zu schnelles Veränderungstempo (20 %) und
- unklare Zielrichtung (12 %).

Da eine solche große Zahl von Change-Prozessen scheitert, ist es für Unternehmen wichtig zu wissen, welche Folgen eine schlechte beziehungsweise nicht erfolgreiche Durchführung des Veränderungsprozesses haben kann.

Im besten Fall bewirkt eine schlecht umgesetzte Veränderung nichts, außer dass wertvolle Zeit verloren geht, die sinnvoller hätte genutzt werden können. Im schlimmsten Fall können die Folgen gravierend sein. Es können unbeabsichtigt negative Effekte, wie zum Beispiel Vertrauensverlust in das Management, Neid unter den Mitarbeitern oder auch ein Absinken der Produktivität auftreten.

Daher muss die nächste Frage unbedingt lauten, wie Veränderungen am besten umgesetzt werden sollen.

Unabhängig vom Veränderungsinhalt ist es wichtig den Veränderungsprozess professionell zu managen. Dafür existiert jedoch keine immer passende Formel. Der Weg, der eingeschlagen werden soll, und die Art und Weise des Change-Prozesses hängen vor allem von
- der Unternehmenskultur,
- der Unternehmensgeschichte und
- der Veränderungsart
ab.[12]

So ist es unabhängig von der unternehmensspezifischen Situation auf jeden Fall wichtig, ein Arbeitsumfeld zu schaffen, das Veränderungen gegenüber offen eingestellt ist und fähig ist diese anzunehmen. Dazu muss das gesamte Unternehmen (Mitarbeiter, Denkweisen, Abläufe, Systeme und Technologien) so organisiert sein, dass Flexibilität möglich ist und bestenfalls sogar gefördert wird.

Grundsätzlich sollten bei der Reorganisation folgende Schlüsselfaktoren beachtet werden[13]:

- Es sollten klare, realistische Ziele verfolgt werden.
- Das Management sollte die Dringlichkeit der Veränderung erklären.
- Im Rahmen des Change-Prozesses sollte eine gemeinsame motivierende Vision aufgebaut werden.
- Es sollten Barrieren identifiziert und passende Strategien abgeleitet werden.
- Die Kommunikation sollte so gestaltet werden, dass Verständnis und Akzeptanz für den Wandel erzeugt werden.

Der Prozess sollte immer so gestaltet werden, dass kurzfristige Erfolge (Milestones) erreicht werden können, da durch diese Projekte vorangetrieben werden können.[14] Die Bemühungen der Mitarbeiter sollten anerkannt und gewürdigt werden.

Grundsätzlich kann der Change Prozess nur dann erfolgreich sein, wenn es gelingt, die Mitarbeiter einzubinden und so die kulturelle Komponente zu beeinflussen. Im Kontext von Veränderungsprozessen hat die Mitarbeiterbefragung mehrere Aufgaben.

Zum einen dient sie dazu, die Reaktionen der Mitarbeiter auf Veränderungen zu messen, um auf Basis der Ergebnisse Handlungsmaßnahmen abzuleiten(mehr dazu in Kapitel 6.2).[15]

Zum anderen kann über die Mitarbeiterbefragung gemessen werden, wie die Maßnahmen auf Mitarbeiterebene wahrgenommen werden, inwiefern die oben genannten Schlüsselfaktoren beachtet worden sind und wo weiterer Verbesserungsbedarf besteht. Ausschlaggebend für den Grad der Veränderungsbereitschaft eines Betroffenen ist nämlich, wie er die Situation im Unternehmen wahrnimmt, nicht wie sie tatsächlich ist.[16]

Darüber hinaus ist die Mitarbeiterbefragung selbst eine Maßnahme, um die Veränderungsbereitschaft der Mitarbeiter zu erhöhen. Nur wer sich integriert fühlt, ist auch bereit aktiv etwas beizutragen.[17]

2.2 Change praktizieren – Personalentwicklung als zentrale Notwendigkeit

Ein Wandel im Unternehmen ist immer auch mit der (Weiter-) Qualifizierung der Belegschaft verbunden. Hier stellt sich zunächst die Frage, was relevante Felder für die Weiterentwicklung sind, bevor der konkrete Entwicklungsbedarf bestimmt und -maßnahmen abgeleitet werden können. Außerdem gilt es, Kompetenzen im Hinblick auf Handlungsfelder zu entwickeln, die durch Umweltveränderungen an das Unternehmen herangetragen werden.

2.2.1 Benchmarking als Inspiration[*]

Ein Blick über den Gartenzaun – schließlich blühen die Blumen in Nachbarsgarten viel schöner – mag für Unternehmen verlockend sein. Hier warten jedoch auch viele Gefahren und Risiken und am Ende stellt sich die Frage, ob man nicht besser die Zeit nutzt, um den eigenen Garten zu optimieren.

2.2.1.1 Warum Benchmarking bei Mitarbeiterbefragungen?

Literatur, Internet oder Unternehmensalltag: Der Begriff Benchmarking ist allgegenwärtig und wo immer man ihn trifft, so heißt es „Lernen von den Besten". Das macht auch Sinn, von den Besten kann man schließlich immer etwas lernen, sofern sie es einem denn gestatten. Doch was ist Benchmarking genau? Und wie kann man es als Hilfe bei Mitarbeiterbefragungen einbringen?

---

[*] Christina Kron

> *Benchmarking* gilt laut *Rademacher* und *Kaufmann* als „die Suche nach den besten Geschäftspraktiken der Branche, des Marktes oder eines anderen geeigneten Vergleichsobjektes und die Übernahmen dieser Praktiken im eigenen Unternehmen."[18]

To Do beim Benchmarking: [19]

- organisierte Suche nach Unternehmen, die „Best Practices" realisieren,
- eigene Kontextfaktoren betrachten,
- kein „blindes" Benchmarking durch bloßes Kopieren betreiben und
- lernbereit und offen für Neues sein.

In der Überschrift des Kapitels taucht die Frage nach dem „Warum" des Benchmarkings von Mitarbeiterbefragungen bereits auf. Die Antwort liefern die zahlreich existierenden Formen der Befragung, die eine Unmenge an Daten und Werten liefern. Einige dieser Daten sind auf Anhieb nicht ohne weiteres verwertbar. Fragen wie: „Ist beispielsweise eine durchschnittliche Bewertung der Arbeitszufriedenheit mit dem Wert 3 auf einer Likert-Skala (5er-Skala) gut oder schlecht?"[20], „Muss die Kommunikation verbessert werden, wenn 25 % der Mitarbeiter die Ziele des Unternehmens und dessen Strategie nicht kennen?"[21] oder „Wo stehen wir mit unseren Ergebnissen im Vergleich zu der Konkurrenz?" sind keine Seltenheit nach der Durchführung einer Mitarbeiterbefragung. „Die Beantwortung dieser Fragen ist ohne Beurteilungsmaßstab kaum möglich."[22] Um die eigene Position gegenüber der Konkurrenz besser einschätzen zu können, bietet sich ein Vergleich mit anderen Unternehmen an und dies führt zu der Idee des Benchmarking von Mitarbeiterbefragungen.[23] Allerdings bilden Mitarbeiterbefragungen subjektive Meinungen ab und hierbei hat nahezu jeder seine eigene Meinung. Darum ist die Frage nach dem Sinn des Vergleichs und einer Bewertung gerechtfertigt.

Ist die Entscheidung für ein Benchmarking einer Mitarbeiterbefragung gefallen, so sollte man im Vorhinein allerdings beachten, dass man in jedem Fall das gleiche *Befragungsinstrument* verwendet. Damit ist die Verwendung identischer Fragebögen, identischer Instrumente sowie die Art der Durchführung gemeint. Gerade weil bei der Mitarbeiterbefragung subjektive Daten entstehen, können schon kleinste Abweichungen in Formulierungen oder Sequenzen der Antwortmöglichkeiten zu unterschiedlichen Ergebnissen führen, die dann nicht zu validen Vergleichen führen können.[24]

Bei *multinationalen Unternehmen* stellt dies eine noch größere Herausforderung dar, müssen doch die Fragebögen hier auch noch in verschiedene Sprachen übersetzt werden und selbst wenn dies gemeistert wurde, so ist die Interpretation der Werte trotzdem sehr heikel, da unterschiedliche Bewertungsmentalitäten aufgrund kultureller Unterschiede bestehen. Stellt man in einem spanischen Unternehmen zum Beispiel die Frage: „Sind Sie pünktlich?" und erhält den Wert „70 % der Mitarbeiter sind pünktlich", stellt dann die Frage in einem deutschen Unternehmen, bei welchem man den Wert „45 % sind pünktlich" erhält, wäre es fatal, diese Werte miteinander in Relation zu setzen, da die Meinungen bezüglich Pünktlichkeit in Deutschland und Spanien bekanntlich sehr verschieden sind. Ein weiteres Beispiel ist die Frage zur Arbeitszufriedenheit, die in südamerikanischen Ländern generell positiver bewertet wird als in Japan, wo die Mitarbeiter zu einer kritischeren Bewertung ihrer Arbeitsbedingungen neigen.[25]

2.2.1.2 Externes Benchmarking: Macht das Sinn?

In diesem Kapitel wird die Frage nach dem Sinn eines externen Vergleichs aufgegriffen. Ein Fallbeispiel von *Fies* und *Schmitt* aus dem Jahr 1997 soll dabei zur Illustration dienen:[26]

In einem mittelständischen Industrieunternehmen wurde die Frage gestellt: „Wie zufrieden sind Sie im Allgemeinen mit den Schulungsmaßnahmen in Ihrem Unternehmen?" Auf einer Skala von 1: sehr zufrieden bis 5: unzufrieden, kam ein Mittelwert von 3,4 heraus. Dieser Wert ist rein mathematisch bereits weiter von „sehr zufrieden" als von „unzufrieden" entfernt, doch wollte das Unternehmen weiterhin wissen, wie es mit diesem Wert in Relation zu anderen Unternehmen liegt.

Ein Vergleich mit vier anderen Unternehmen ermittelte ein großes Dienstleistungsunternehmen als Klassenbesten. Hier war der Mittelwert 1,6.

Um herauszufinden warum die Bewertung so schlecht ausfiel, führte das Unternehmen Gruppeninterviews zur Ursachenanalyse durch. Heraus kam, dass Transparenz und Informationen zu Schulungen fehlten, die Schulungen teilweise außerhalb der Arbeitszeiten lagen und Führungskräfte beim Thema Schulungen eindeutig bevorzugt wurden. Man wünschte sich vor allem mehr praxisorientierte Schulungen und Angebote, die den zwischenmenschlichen Bereich aufgreifen; man wollte das Gefühl „Wir sitzen alle im gleichen Boot."

Die guten Ergebnisse beim Klassenbesten erklärten sich durch gute Qualität und Quantität der Schulungen, bei Problemen war es möglich, Spezialisten zur Hilfe heranzuziehen und wurde ein Thema von mehreren Mitarbeitern als interessant empfunden, so konnten dazu Vorträge gewünscht werden.

Das Unternehmen unternahm daraufhin einige Verbesserungsmaßnahmen, wie die Verstärkung des Angebots von fachlichen und überfachlichen Schulungen und die Einführung eines Programms, welches den Mitarbeitern ermöglichte, eigene Themen für Schulungen anzuregen.

Soweit die Fallstudie von *Fies* und *Schmitt* (1997).

Das Beispiel zeigt wichtige Punkte auf, die beim Benchmarking unbedingt beachtet werden sollten: Benchmarking kann gute Einzelanregungen bringen. Allerdings muss man gerade bei unterschiedlichen Rahmenbedingungen die Übertragbarkeit auf das eigene Unternehmen prüfen. Ein mittelständisches Industrieunternehmen hat beispielsweise einen ganz anderen finanziellen Rahmen als ein großer Konzern, was den Spielraum für Angebote stark einschränkt. Zudem muss berücksichtigt werden, dass die Vorstellungen der Mitarbeiter von „guter Personalarbeit" sehr unterschiedlich sein können.

Investiert ein Unternehmen Zeit und Mühe in ein Benchmarking und betrachtet dieses nicht als Selbstläufer, so kann ein Benchmarking zu neuen und kreativen Lösungen führen, die Betonung liegt allerdings auf „kann". Hier bleibt jedoch festzuhalten, dass die wichtigsten Aspekte Lernbereitschaft und Ursachenforschung im eigenen Unternehmen bleiben, da ansonsten der Fehler unterlaufen kann, sich zu sehr nach außen zu orientieren.

Auch wenn ein Benchmarking Sinn macht, können durch kreative Arbeit im eigenen Unternehmen eventuell Kosten und Zeitaufwand gespart werden.

2.2.1.3 Internes Benchmarking: Das macht Sinn!

Beim *internen Benchmarking* erfolgt der Vergleich zwischen einzelnen Abteilungen, Niederlassungen, Tochtergesellschaften oder bei multinationalen Unternehmen auch zwischen verschiedenen Auslandsdivisionen.

Das Problem der Beschaffung der Daten stellt sich hier nicht und die Bestimmung eines Klassenbesten ist wesentlich vereinfacht. Der Zusammenhang zwischen Ergebnissen der Mitarbeiterbefragung und wirtschaftlichen Kennzahlen wie Umsatz oder Erfolg ist ebenfalls einfacher zu ermitteln. Als weitere Vorteile gegenüber der externen Variante gesellen sich noch geringere Kosten und valide Daten hinzu.[27] Die Chancen, die das interne Benchmarking bietet, sind vor allem in dem Erzielen von Synergieeffekten, dem Aufbau eines horizontalen Kommunikationsnetzwerkes und der Steigerung des Leistungspotenzials durch den internen Wettbewerb zu sehen.[28]

Neben den Chancen existieren allerdings auch Risiken. Diese bestehen, wenn „interne Rivalitäten"[29] zu Abteilungsneid führen und der Gedanke des internen Wettbewerbs negativ aufgenommen wird. Dies stellt insbesondere eine Herausforderung für die Ergebniskommunikation dar, der bei der Mitarbeiterbefragung ohnehin eine wichtige Bedeutung zukommt. Geht man diese Rückmeldung korrekt an, so entsteht auch Raum für den Gedanken: „Konkurrenz belebt das Geschäft."

Auch beim internen Benchmarking stellen internationale Vergleiche eine Herausforderung dar. So muss auch hier die Frage nach der Vergleichbarkeit der Daten gestellt werden. Insbesondere, weil die Mitarbeiterbefragung hier eine wichtige Rolle als Instrument der zentralen Steuerung des Unternehmens übernimmt, da durch sie über große räumliche Distanzen hinweg eine Überprüfungsfunktion für die Umsetzung und Akzeptanz von Firmenpraktiken wahrgenommen werden kann.[30]

Der interne Vergleich bietet sowohl Chancen als Risiken. Beachtet man einige Kontextfaktoren wie Länderunterschiede oder Umweltunterschiede, so kann das interne Benchmarking von Mitarbeiterbefragungen die Suche nach Stärken und Verbesserungspotenzialen im Unternehmen unterstützen.

In dem Fallbeispiel zum externen Benchmarking hat daher ein interessanter Aspekt gefehlt: Es wurde kein internes Benchmarking betrieben. Doch gerade ein solches, zum Beispiel ein Jahr nach der Einführung der Verbesserungsmaßnahmen, hätte Aufschlüsse über den Erfolg des Benchmarkings und somit der Mitarbeiterbefragung geben können. Denn nur, wenn die Maßnahmen nachhaltig eingeführt und auch von den Mitarbeitern angenommen wurden, hat sich etwas zum Positiven verändert und im besten Fall zeigt sich dies auch in einer positiven Veränderung der wirtschaftlichen Kennzahlen.

2.2.2 Personalentwicklung als Wettbewerbsfaktor[*]

Der demografische Wandel, verbunden mit dem immer intensiver werdenden globalen Wettbewerb, führt dazu, dass der War for Talents zunehmend auch innerhalb von Unternehmen geführt werden muss. Vorsprung durch Wissen wird zu einer immer wichtigeren Wettbewerbskomponente, gleichzeitig verringern sich jedoch die Möglichkeiten Know How „von außen" zu akquirieren. Die große Chance liegt also in der Personalentwicklung.

2.2.2.1 Was ist Personalentwicklung?

Personalentwicklung umfasst „alle Maßnahmen der Bildung, der Förderung und der Organisationsentwicklung, die von einer Organisation oder Person zielorientiert geplant, realisiert und evaluiert werden."[31] Erforderlich werden diese Maßnahmen, wenn „Diskrepanzen zwischen Fähigkeiten und Anforderungen nicht über Personalbeschaffung beziehungsweise -freisetzung ausgeglichen werden und werden sollen."[32]

---

[*] Michael Beck

In einer Befragung der 500 größten deutschen Unternehmen wurden die fünf wichtigsten Herausforderungen für die Personalarbeit identifiziert[33]. Diese sind (absteigend nach Häufigkeit der Nennung sortiert)

- die Förderung der Führungskräfte und High Potentials (26 %),
- die Internationalisierung (26 %),
- die Nachfolgeplanung im Management (21 %),
- das Change Management (19 %) sowie
- die Strategieorientierung der Personalentwicklung (8 %).

Diese Herausforderungen ergeben sich hauptsächlich aus dem demografischen, ökonomischen und technischen Wandel. Dabei lässt die große Anzahl unterschiedlicher Herausforderungen erkennen, dass der Personalentwicklung als dynamischem Prozess große Bedeutung bei der Bewältigung dieser Herausforderungen zugesprochen werden muss.

Die Befragung der Mitarbeiter dient dazu, die unternehmensspezifischen Herausforderungen zu lokalisieren und darauf abgestimmte Personalentwicklungsmaßnahmen abzuleiten.

2.2.2.2 Mit der Mitarbeiterbefragung den Entwicklungsbedarf bestimmen

„Die Mitarbeiterbefragung hat als Instrument der Personalentwicklung einen wichtigen Stellenwert, wenn es darum geht die Wirksamkeit von Personalentwicklungsmaßnahmen festzustellen sowie Basisdaten für die zukünftige Personalentwicklungsplanung zu erhalten."[34]

Diese werden oft dazu genutzt die Personalentwicklungsplanung zu forcieren.[35] Vor allem eine spezifische Fragestellung erlaubt es den Verantwortlichen, Rückschlüsse darauf zu ziehen, inwiefern bei Mitarbeitern Interesse und Bedarf an Entwicklungsmaßnahmen vorhanden ist. Dies zeigt sich anhand einer Studie von *Kienbaum* und *Hewitt Associates*, deren Ergebnisse zeigen, dass 85 % der 207 teilnehmenden Unternehmen in ihren Befragungen Themen zu beruflichen Entwicklungsmöglichkeiten eingegliedert haben.[36]

Hierbei wird der Bedarf durch das Antwortverhalten der einzelnen Mitarbeiter indirekt ermittelt. Es werden zwar einzelne Mitarbeiter befragt, jedoch können aufgrund der Anonymisierung die abgeleiteten Personalentwicklungsmaßnahmen nicht speziell auf jeden einzelnen Mitarbeiter zugeschnitten werden. Es ist allerdings möglich, einen gemeinsamen Bedarf zu bestimmen und somit den angestrebten Soll-Zustand zu erreichen. Wird durch die Befragung eine Lücke, beispielsweise im Bereich Wirtschaftsenglisch, sichtbar, kann trotzdem nicht herausgefunden werden wo genau dieser Veränderungsbedarf besteht. Obwohl die abgeleiteten Maßnahmen nicht mitarbeiterspezifisch eingesetzt werden können, ist die Mitarbeiterbefragung in diesem Prozess trotzdem als sinnvoll anzusehen, da Ist-Zustand und Soll-Zustand insgesamt abgefragt werden.

2.2.2.3 Aus der Mitarbeiterbefragung die Maßnahmen ableiten

Zeigt die Befragung auf einem bestimmten Gebiet eine Lücke zwischen Fähigkeits- und Anforderungsprofil der Belegschaft oder einer Abteilung, können konkrete Entwicklungsmaßnahmen abgeleitet und umgesetzt werden. Wird beispielsweise festgestellt, dass Mitarbeiter Probleme haben, sich verständlich auszudrücken, sollte ein Rhetorik-Seminar durchgeführt werden. Damit ergibt sich aufgrund der Mitarbeiterbefragung ein Veränderungsprozess, der die aufgezeigten Entwicklungslücken schließt.

2.2.2.4 Mit der Mitarbeiterbefragung die Maßnahmen kontrollieren

Ob und wie weit ein solcher Veränderungsprozess erfolgreich war, kann ebenfalls durch eine Mitarbeiterbefragung gemessen werden. Dies spiegelt sich ebenfalls in der Studie von *Kienbaum* und *Hewitt Associates* wider: Danach nutzen 7 % der befragten Unternehmen Mitarbeiterbefragungen gezielt als Kontrollinstrument, zum Beispiel für Maßnahmen die aus vorangegangenen Mitarbeiterbefragungen abgeleitet wurden.[37] Auch *Domsch* und *Ladwig* schreiben, die Mitarbeiterbefragung könne der „Erfolgskontrolle nahezu jeder betrieblichen Maßnahme dienen".[38] Vor dem Hintergrund der Personalentwicklung ergibt sich demnach, dass sie nicht nur als Instrument zur Bedarfsbestimmung von Entwicklungsmaßnahmen eingesetzt wird, sondern auch Kontrollcharakter besitzt, indem sie den Erfolg auf die Bedarfsbestimmung abgestimmter Handlungen überwacht. Sie bildet demnach die „Grundlage für eine erneute Planung."[39]

2.2.3 Mit Diversity Management Vielfalt nutzen[*]

Die Welt hat sich innerhalb der letzten drei Jahrzehnte durch Highspeed-Datennetzwerke und weltumspannende Logistiklösungen zu einem Global Village entwickelt.[40] Um im globalen Wettbewerb zu bestehen, ist die Realisierung globaler Wertschöpfungsketten (= Leistung dort einkaufen, wo sie am besten/billigsten ist), aber auch die Erschließung globaler Märkte (= Produkte dort verkaufen, wo Nachfrage existiert) von großer Bedeutung. Dies bedeutet für Unternehmen, dass sie zum einen die Diversity (= Vielfalt) ihrer Mitarbeiter nutzen, zum anderen aber auch die Diversity ihrer Märkte verstehen müssen.

> *Diversity* bedeutet Verschiedenheit oder Mannigfaltigkeit und kann mittels verschiedener Dimensionen erfasst werden. So kann etwa zwischen der persönlichen (zum Beispiel Persönlichkeitsmerkmale), der intern demografischen (zum Beispiel Alter, Geschlecht), der extern demografischen (zum Beispiel Familienstand, Kinder) und der organisationalen (zum Beispiel Position im Unternehmen, Arbeitsort) Dimension unterschieden werden.[41]

Die Nutzung von Diversity in Unternehmen kann anhand dreier Paradigmen (zugleich Stufen) unterteilt werden:

1. Das *Fairness-und-Diskriminierung-Paradigma* bezeichnet die Herstellung fairer Arbeitsbedingungen und die Vermeidung von Diskriminierung. In diesem Fall wird Diversity also nicht aktiv genutzt, das Unternehmen erfüllt alle gesetzlichen Auflagen und sorgt für Chancengleichheit.[42]

2. Das *Marktzutritts-Paradigma* bezeichnet die Nutzung von Diversity um neue Käufergruppen und Märkte zu erschließen. Hierbei wird versucht, die Vielfalt der Märkte soziodemografisch innerhalb des Unternehmens abzubilden. Dies führt zum einen zu einem verbesserten Verständnis der Kundenbedürfnisse und hat zum anderen eine positive Imagewirkung auf potenzielle Konsumenten.[43]

---

[*] Felix Eichhorn

3. Das *Lernen-und-Effektivitäts-Paradigma* stellt die maximale Nutzung der Mitarbeitervielfalt dar. Hierbei wird auf Lerneffekte durch Diversity abgezielt. Dies bedeutet die bewusste Einbeziehung unterschiedlicher Sichtweisen in alle Aspekte des Arbeitsalltags, was zu erhöhter Innovation und somit zu Wettbewerbsvorteilen führt.[44]

Jede dieser drei Stufen baut jeweils auf der/den Stufe(n) darunter auf. Das Lernen-und-Effektivität Paradigma stellt den höchsten Grad der Nutzung von Diversity dar und beinhaltet die beiden Stufen darunter. Der Grad der Diversity-Nutzung wird als Inclusion angegeben.

> „*Inclusion* ist ein Kontinuum welches den Umgang mit Diversity beschreibt. Es reicht von der völligen Verneinung von Vielfalt bis hin zur bewussten mehrwertgenerierenden Nutzung ebendieser."[45]

Das Verständnis der Märkte geht mit der Inclusion im Unternehmen einher. Wird die Diversity bei Fairness-und-Diskriminierung noch kaum genutzt um die Absatzmärkte zu verstehen, werden bei Marktzutritt die Rahmenbedingungen für das Verständnis geschaffen. Bei Lernen-und-Effektivität ist die Nutzung von Diversity tief im Mindset der Mitarbeiter verankert. Die Mitarbeiter praktizieren eine Kultur der Inclusion.

Da Unternehmen oftmals stark durch die monokulturelle Vergangenheit geprägt sind[46], bedarf es eines aktiven Diversity Managements, das den Change Prozess in Richtung Multikultur vorantreibt. Ziel ist dabei die Erreichung von Lernen-und-Effektivität, die Maßnahmen hingegen sind abhängig von der Stufe, auf welcher sich das Unternehmen aktuell befindet.

2.3 Organisationsentwicklung als Revolution in den Köpfen[*]

Organisationsentwicklung ist mehr als nur Personalentwicklung im klassischen Sinne des Angebotskatalogs, aus dem die Mitarbeiter sich Schulungen und Workshops aussuchen. Es geht hier vielmehr auch um eine

---

[*] Michaela Hoffmann

Weiterentwicklung – sei sie persönlich oder kulturell. Somit zählt zu
Organisationsentwicklung alles, was Lernprozesse auslöst und Denkvor-
gänge anstößt. Die Idee der extrinsischen Motivation hat sich erstaunlich
lange als Führungsform gehalten: Anweisungen erfolgen hierarchisch
von oben nach unten, werden von den Untergebenen ausgeführt und
von den Vorgesetzten mit Belohnung oder Bestrafung honoriert. Im folgenden Abschnitt wird nun jedoch eine Variante der Organisationsentwicklung aufgezeigt, die die intrinsische Motivation der Mitarbeiter als
Potenzial freisetzt, woran sich auch die nachfolgende Definition orientiert.

„Organisationsentwicklung (ist) ein längerfristig angelegter, umfassen-
der Entwicklungsprozess von Organisationen und der in ihr tätigen
Menschen. Der Prozess beruht auf Lernen aller Betroffenen durch direkte Mitwirkung und praktische Erfahrung. Sein Ziel besteht in einer
gleichzeitigen Verbesserung der Leistungsfähigkeit der Organisation
(Effektivität) und der Qualität des Arbeitslebens (Humanität)."[47]

2.3.1 Der Feind: Die altbekannte Spießervariante

Der Satz „Die Mitarbeiterbefragung soll als Instrument der Organisationsentwicklung dienen." klingt ja noch recht harmlos, denn die erste Vision, die dabei in den Sinn kommt, ist Folgende: Im Gesamtprozess der
Organisationsentwicklung dient die Mitarbeiterbefragung der Analyse
der Vergangenheit und ihre Ergebnisse stoßen in der Gegenwart einen
Lernprozess an, welcher in der Zukunft zu besseren Entscheidungen und
damit zu höherer Leistungsfähigkeit und Arbeitsqualität – den oben definierten Zielen der Organisationsentwicklung – führt.

Die Analyse der Vergangenheit beschreibt hierbei eine weitverbreitete
Funktion der Mitarbeiterbefragung: die eines reinen Datenlieferanten.
Eine kontrollierbare Ursache-Wirkungs-Beziehung ist wohl die Wunsch-
vorstellung einer jeden Managerin und eines jeden Managers. Das ist
wohl auch der Grund, warum es so viele betriebswirtschaftliche Kennzahlen gibt.

An dieser Stelle sind vor allem die strategischen Mitarbeiterbefragungen
(S-MAB) zu nennen. Diese ermöglichen es „(einem) Manager sich auf sys-

tematisch erhobene Daten über die Erfahrungen, Einstellungen und Meinungen der Mitarbeiter zu strategisch relevanten Themen (zu) stützen [...]"[48]

Die Funktionen, die einer Mitarbeiterbefragung hierbei zukommen, sind die eines Kontroll-, Führungs- und Maßnahmenentwicklungsinstrumentes. Aus den gewonnen und ausgewerteten Daten werden Schlüsse auf bestehende Probleme gezogen, um daraufhin konkrete Handlungsmaßnahmen ableiten zu können.

Eine „voll entwickelte S-MAB" weist unter anderem dieses Merkmal auf: „Abgeleitete Verbesserungsziele und -maßnahmen dienen gegebenen Zielen und sind Bestandteil der Zielvereinbarung der Führungskräfte [...]."[49]

Wem das jetzt alles zu trocken und zu theoretisch ist, der sollte sich an dieser Stelle folgende Frage stellen: Gibt es eine Mitarbeiterbefragung, die ohne Umwege über ausgewertete Daten und abgeleitete Handlungsmaßnahmen eine direkte Wirkung auf die Organisationsentwicklung hat?

2.3.2 Ein Königreich für ein Brecheisen

Wo kommt denn jetzt diese Überschrift her und warum wurde die oben gestellte Frage nicht beantwortet?

Nun, am Ende dieses Kapitels beantworten sich diese Fragen einschließlich der unbeantworteten am Ende des ersten Abschnitts.

Um dieses Ziel zu erreichen, muss kurz auf zentralen Begriffen dieses Kapitels beziehungsweise dieses Buches rumgeritten werden: Mitarbeiterbefragung als Instrument der Organisationsentwicklung.

Beim Begriff der Mitarbeiterbefragung interessiert hier vor allem dieses: Die Mitarbeiter werden befragt. Im Passiv. Aber zum Beantworten der Fragen müssen sie eine aktive kognitive Leistung erbringen. Und es spielen sicherlich auch Emotionen eine Rolle.

Das „Instrument" ist als Synonym zu „einem bestimmten Zweck dienendes Mittel" zu verstehen.

Und bei „Organisationsentwicklung" soll der Wortteil „weiter" eingefügt werden: „Organisations-weiter-entwicklung". Dies macht eher deutlich, dass es sich um einen aktiven, auf die Zukunft ausgerichteten Prozess handelt, der dazu führt, das Unternehmen besser zu stellen als in der Vergangenheit.

Die Mitarbeiterbefragung als ein einem bestimmten Zweck dienendes Mittel anzusehen, ist im Kontext der Organisationsentwicklung deshalb so interessant, weil dadurch die Mitarbeiterbefragung nicht nur einen indirekten Beitrag als Datenlieferant beisteuert. Vielmehr wird die Mitarbeiterbefragung zu einem aktiven Gestaltungsinstrument der Organisationsentwicklung.

Und da ist das Stichwort, das jetzt gebraucht wird. Welches? Na, Gestaltungsinstrument ganz bestimmt nicht. Ja, richtig gelesen. N-I-C-H-T. Nicht.

Das interessanteste Wort im oben Genannten ist „aktiv". Damit wäre dann der Begriffserklärungsteil abgehandelt. Und warum „aktiv" das interessanteste Wort ist, wird nun im Folgenden erläutert.

Das in der Überschrift eingeforderte Brecheisen soll ein gedankliches sein, welches in der Lage ist, veraltete Denkschemata aufzubrechen. Dieses Brecheisen ist in diesem Kontext demnach eine Frage innerhalb der durchzuführenden Voll- oder Teilerhebung, die polarisiert, einen Überraschungseffekt mit sich bringt oder einen längeren Denkprozess nach sich zieht. Und an dieser Stelle kommt nun das Wörtchen „aktiv" zum Tragen: Der angestoßene Denkprozess ist ein aktiver und bewusst ablaufender Vorgang. Wo läuft er ab? In den Köpfen der Mitarbeiter, die als Mitglieder der Organisation eine aktive Rolle bei deren Weiterentwicklung spielen sollen, wie auch schon obige Definition besagt. Und da war's schon wieder: „aktiv".

Das anzuwendende, einem bestimmten Zweck dienende Werkzeug entspricht also dem verbalen Brecheisen. Ein Beispiel für ein solches ist etwa eine Frage zu einem bevorstehenden Change-Prozess.

Eine mögliche Reaktion der Mitarbeiter auf eine Befragung könnte die Auslösung von „Reflexions- oder (sozialen) Kommunikationsprozessen"[50] sein.

Auf diese Weise werden die Mitarbeiter schon einmal vorab auf den bevorstehenden Change-Prozess hingewiesen. Wenn sie sich also mit der Veränderung bereits vor Einführung beschäftigen konnten, sollten auftretende Widerstände entweder signifikant geringer ausfallen als ohne vorherige Befragung oder die Mitarbeiter sollten in der Lage sein, ihren Widerstand gegen den Wandel besser zu artikulieren und zu begründen, da Für und Wider bereits schon einige Zeit lang abgewogen wurden.

Der Idealfall wäre also der, dass die Mitarbeiter über die Frage reflektieren, zu eigenen Recherchen bezüglich des Change-Prozesses angeregt werden und auch untereinander darüber diskutieren.

Eine aktive Gestaltung der Organisationsentwicklung kann eine Mitarbeiterbefragung auch durch in die Erhebung eingeflochtene Fragen leisten, die die Mitarbeiter zu aktivem, kognitivem Reflektieren über Probleme anregt, welche im Unternehmen aufgetreten sind.

Die Mitarbeiter werden durch Fragen nach bestehenden Problemen dazu gebracht, sich mit den Ursachen dieser Probleme gedanklich zu beschäftigen. Dieses bewusste Hinführen zu einer Reflexion kann durchaus dazu führen, dass das Problem aus einem neuen Blickwinkel betrachtet wird.

Im Rahmen einer Action-Research-Studie bei der *Danish-Lego-Company* wurden sogenannte „sparring sessions"[51], die natürlich nur rein verbal ausgetragen wurden, abgehalten. In diesen wurden den Managern der mittleren Hierarchieebene neue Lösungsstrategien aufgezeigt, indem zum richtigen Zeitpunkt die richtigen Fragen zu einer neuen Betrachtungsweise des zuvor scheinbar unlösbaren Problems führten[52]. Das Ergebnis bildeten schließlich drei Lösungsstrategien, die jeweils auf ein bestimmtes Paradoxon anzuwenden sind, falls dieses während eines Change Prozesses im Unternehmen auftritt.[53]

Daher sollten auch im Rahmen einer eher klassischen Mitarbeiterbefragung, also einer Fragebogenvariante in Papierform oder als Intranetfunktion, Fragestellungen eingebaut werden, die Überraschungsreaktionen hervorrufen: „So habe ich das noch nie gesehen!"

Wenn das gedankliche Brecheisen den Zweck erfüllt, zu dem es angewendet wurde, dann hat man schon mal eines erreicht: Ein wichtiges Potenzial der Organisationsentwicklung wurde freigesetzt, also nicht im

Sinne von Feuern, sondern im Sinne von Freilassen. Die intrinsische Motivation der Mitarbeiter.

2.3.3 Was macht man nun mit dem gefundenen Schatz?

Was man aus obigem Beispiel für die Mitarbeiterbefragung als Instrument der Organisationsentwicklung mitnehmen sollte, ist das Folgende: Man kann bei seinen Mitarbeitern einen Lernprozess in Gang bringen, indem man ihnen die richtigen Fragen stellt. Dabei ist das eigentlich Wichtige NICHT sofort, gleich und jetzt eine passende Antwort oder eine optimale Lösung zu finden, sondern das Nachdenken über die Problemstellung an sich. „The problem is not the problem; the problem is the way you think about the problem."[54] Der Lernprozess besteht hierbei darin, eine neue Sichtweise zu entwickeln.

Angeregt durch eine wie oben beschriebene Fragestellung, ist die kognitive Auseinandersetzung mit der bevorstehenden Veränderung als intrinsisch motiviert anzusehen. „Extrinsische Motivation beinhaltet jeglichen Druck von außen, der sich vom inneren Wunsch zu lernen unterscheidet."[55]

Den Mitarbeitern und Führungskräften soll im Rahmen einer auf gegenseitigem Vertrauen basierenden Unternehmenskultur die Möglichkeit eröffnet werden, von sich aus Fragen zu stellen, und zwar soll dies ohne die Befürchtung möglich sein, man könnte sie für schlecht qualifiziert halten. Denn wie heißt es so schön im Intro der Sesamstraße: „Wer nicht fragt, bleibt dumm!" Oder die erwachsenere Variante des Pferdeflüsterers Monty Roberts: „[...] es gibt kein Lehren, sondern nur Lernen."[56]

Soll heißen, wenn die Mitarbeiter aus sich heraus den Wunsch entwickeln Neues zu lernen, dann stehen sie diesem Neuen und damit auch Veränderungen aufgeschlossener gegenüber, was wiederum die Implementierung von notwendigen Veränderungen im Unternehmen erleichtert.

2.4 Change nachhaltig sichern[*]

Die im Rahmen der Change-Prozesse initiierten Veränderungen sollten nicht nur durchgeführt, sondern auch nachhaltig im Unternehmen implementiert werden. Nachhaltig bedeutet dabei einerseits eine ganzheitliche Adaption an den Organisationszustand nach einem Change-Prozess, andererseits aber auch eine langfristige Akzeptanz und Verinnerlichung des Change-Gedankens. Ersteres zielt dabei auf eine schnelle Anpassung an die Neuerung und eine damit verbundene Leistungsanpassung oder sogar -steigerung. Die Verinnerlichung des Change-Gedankens soll bewirken, dass wiederkehrende Change-Prozesse effizienter und effektiver umgesetzt und verarbeitet werden können.

Grundlage für die Identifikation geeigneter Maßnahmen zur nachhaltigen Sicherung des Change sollten dabei die Dimensionen des Drei-Säulen-Modells der Nachhaltigkeit[57] darstellen. Da keine dieser drei Dimensionen isoliert betrachtet und auf Kosten einer anderen Dimension optimiert werden sollte, wird dieses Modell auch als „Magisches Dreieck" der Nachhaltigkeit bezeichnet[58]:

- Die *ökologische Dimension* der Nachhaltigkeit beinhaltet Umweltaspekte und geht auf die Grundidee zurück, dass Umweltressourcen schonend eingesetzt werden sollen.[59]

- Die *ökonomische Dimension* der Nachhaltigkeit zielt auf den Aufbau von monetären Wettbewerbsvorteilen. Diese sollen nicht nur aufgebaut, sondern auch langfristig erhalten werden[60].

- Die *soziale Dimension* der Nachhaltigkeit zielt auf die langfristige Optimierung des Interessensausgleichs der verschiedenen Anspruchsgruppen im Unternehmen. Ethische und moralische Aspekte sind in dieser Dimension von großer Bedeutung.[61]

Alle drei Dimensionen des magischen Dreiecks der Nachhaltigkeit sollten gleichermaßen Einzug in den Adaptions- wie auch Akzeptanzprozess erhalten. Hierzu ist eine Sensibilisierung der Mitarbeiter für eine nachhaltige Anpassung und Verinnerlichung von großer Bedeutung.

---

[*] Kirsten Brackertz

Die Personalabteilung kann in dreifacher Form zu der nachhaltigen Sensibilisierung beitragen[62]:

- In der Rolle des Vermittlers kann sie insbesondere durch das Instrument der Personalentwicklung allen Mitarbeitern des Unternehmens ein entsprechendes Wissen für mehr nachhaltiges Handeln in der täglichen Arbeit vermitteln.

- In der Rolle des Gestalters kann sie durch die Schaffung einer umweltgerechten Arbeitsumwelt oder durch die Implementierung des Umweltgedankens in primäre und sekundäre Organisationsstrukturen (beispielsweise durch die Bildung von Öko-Teams oder Qualitätszirkeln) die notwendigen organisationalen Strukturen zur Verinnerlichung schaffen.

- In der Rolle des Anwenders setzt sie selbst ein nachhaltiges Handeln um, beispielsweise durch die Nutzung umweltfreundlicher Büromaterialien oder den sparsamen Umgang mit Ressourcen.

Die Unterstützung der Verinnerlichung des Change-Gedankens durch die Personalabteilung kann ebenfalls in der Mitarbeiterbefragung stattfinden. Denn durch die Mitarbeiterbefragung kann und sollten die vermittelten Werte evaluiert werden. Nur dadurch können Schwachstellen aufgedeckt und Rückschlüsse auf notwendige Veränderungen in der Vermittlung des Change-Gedankens gezogen werden.

Hieraus ergeben sich folgende Handlungsempfehlungen für die Gestaltung der Mitarbeiterbefragung:

- In der Rolle des Vermittlers kann eine Sensibilisierung für die Anpassung und Akzeptanz des Change-Gedankens auf allen drei Dimensionen der Nachhaltigkeit geschaffen werden. So kann durch das *Stellen der richtigen Fragen*, wie beispielsweise nach den wahrgenommenen Gründen des Change-Prozesses, sowohl auf ökologische Aspekte wie Ressourcenschonung, auf ökonomische Aspekte wie die langfristige Aufrechterhaltung von Wettbewerbsvorteilen, wie auch auf soziale Aspekte wie die Abkehr von unethischem Verhalten durch Ausbeute von Leiharbeitnehmern hingewiesen werden.

- In der Rolle des Gestalters kann eine Sensibilisierung für die Anpassung und Akzeptanz des Change-Gedankens durch die Darstellung einer ressourcenschonenden Abstimmung des Fragebogens – wie beispielsweise durch eine *Erläuterung in der Einleitung des Fragebogens*, dass weite Reisen zum Zweck der Abstimmung durch Video-Chats ersetzt wurden – auf ökologischer und ökonomischer Dimension stattfinden. Der soziale Aspekt kann durch die Angabe und Einschätzung der Notwendigkeit der Angabe aller an der Fragebogenentwicklung beteiligten Interessensgruppen signalisiert werden.

- Auch in der Rolle des Anwenders kann die Personalabteilung der Anpassung und der Akzeptanz des Change-Gedankens in der Mitarbeiterbefragung zutragen. Relevant ist hier das eigene Verhalten, das *Vorbild sein*. So kann vorgelebt werden, dass auch in Change-Situationen Befragungen am PC ausgefüllt werden und nicht ausgedruckt werden müssen und dass Fragebögen in Leerlaufzeiten und zudem wahrheitsgetreu ausgefüllt werden.

Die angeführten Handlungsempfehlungen bedürfen selbstverständlich einer Evaluation, um festzustellen, ob die Sensibilisierung auch die gewünschte Anpassung und Akzeptanz bewirkt. Dies ist durch die Auswertung der Mitarbeiterbefragung möglich, aber auch durch beobachtendes Verhalten während der Durchführung der Mitarbeiterbefragung.

Quellennachweis

[2] vgl. *SchmidtCollege GmbH & Co. KG*, Für erfolgreiche Unternehmer von Morgen, im Internet: http://www.business-wissen.de/beratung/beitrag/fuer-erfolgreiche-unternehmer-von-morgen/, 30.06.2008, abgerufen am 20.04.2011.

[3] vgl. *Knöll, Heinz-Dieter/Schulz-Sacharow, Christoph/Zimpel, Michael*, Unternehmensführung mit SAP ® BI, Wiesbaden (Vieweg & Sohn) 2006, 1.

[4] vgl. *Lauer, Thomas*, Change Management – Grundlagen und Erfolgsfaktoren, Heidelberg etc. (Springer) 2010, 11-13.

[5] vgl. *Lauer, Thomas*, Change Management – Grundlagen und Erfolgsfaktoren, Heidelberg etc. (Springer) 2010, 11-13.

[6] vgl. *Darwin, Charles*, The Origin of Species, London (J.M. Dent & Sons) 1947, 67.

[7] vgl. *Krummaker, Stefan*, Wandlungskompetenz von Führungskräften. Konstrukterschließung, Modellentwicklung und empirische Überprüfung, Diss. Hannover 2007, 15.

[8]   vgl. *Schein, Edgar H.*, Organizational Culture and Leadership, San Francisco (Jossey-Bass) 3. Aufl. 2004, 17.

[9]   vgl. *Stolzenberg, Kerstin/Heberle, Krischan*, Change Management: Veränderungsprozesse erfolgreich gestalten – Mitarbeiter mobilisieren, Heidelberg (Springer) 2. Aufl. 2009, 4.

[10] vgl. *Schott, Eric/Wick, Marco*, Change Management, in: *Schott, Eric/Campana, Christophe* (Hrsg.), Strategisches Projektmanagement, Berlin - Heidelberg (Springer) 2005, 195-222, hier: 196.

[11] vgl. *Schott, Eric/Wick, Marco*, Change Management, in: *Schott, Eric/Campana Christophe* (Hrsg.), Strategisches Projektmanagement, Berlin - Heidelberg (Springer) 2005, 195-222, hier: 196.

[12] vgl. *Schramm, Gundula*, Muss der Veränderungsprozess gemanagt werden?, im Internet: http://www.themanagement.de/Management/Veraenderungsprozess_managen.htm, 06.01.2007, abgerufen am 23.05.2011.

[13] vgl. *Schramm, Gundula*, Muss der Veränderungsprozess gemanagt werden?, im Internet: http://www.themanagement.de/Management/Veraenderungsprozess_managen.htm, 06.01.2007, abgerufen am 23.05.2011.

[14] vgl. *Hamen, Ari-Pekka/Nihtilä, Jukka*, Distributed New Product Development Project Based on Internet and World-Wide-Web: A Case Study, in: Journal of Product Innovation Management 14 (1997), 81.

[15] vgl. *Hartley, Jean*, Employee Surveys-Strategic Aid or Hand-Grenade for Organizational and Cultural Change?, in: International Journal of Public Sector Management 14 (2001), 184-204, hier: 202.

[16] vgl. *Parish, Janet T./Cadwallader, Susan/Busch, Paul*, Want to, Need to, Ought to: Employee Commitment to Organizational Change, in: Journal of Organizational Change Management 21 (2008), 32-52, hier: 44.

[17] vgl. *Lauer, Thomas*, Change Management – Grundlagen und Erfolgsfaktoren, Heidelberg etc. (Springer) 2010, 125-130.

[18] *Rademacher, Michael/Kaufmann, Lutz*, Erfolgreiches Benchmarking: Von der Imitation zum Blue-Ocean-Ansatz, in: io management, Ausgabe 0812, 20.11.2008, 52-55, hier: 52.

[19] *Pieske, Reinhard*, Benchmarking in der Praxis – erfolgreiches Lernen von führenden Unternehmen, Landsberg/Lech (moderne industrie) 1995, 145.

[20] *Fies, Nicole/Schmitt, Vivien*, Mitarbeiterbefragungen – Ausgangsbasis für Benchmarking?, in: Mannheimer Beiträge zur Wirtschafts- und Organisationspsychologie (1/1997), 59.

21 *Bungard, Walter/Müller, Karsten/Niethammer, Cathrin*, Mitarbeiterbefragung- was dann...? MAB und Folgeprozesse erfolgreich gestalten, Heidelberg (Springer) 2007, 141.

22 *Bungard, Walter/Müller, Karsten/Niethammer, Cathrin*, Mitarbeiterbefragung – was dann...? MAB und Folgeprozesse erfolgreich gestalten, Heidelberg (Springer) 2007, 141.

23 vgl. *Fies, Nicole/Schmitt, Vivien*, Mitarbeiterbefragungen – Ausgangsbasis für Benchmarking?, in: Mannheimer Beiträge zur Wirtschafts- und Organisationspsychologie (1/1997), 59.

24 vgl. *Lusty, David*, Beware the Staff Satisfaction Survey Benchmarking Myth, in: Training and Coaching today (5/2007), o.S.

25 vgl. *Bungard, Walter/Müller, Karsten/Niethammer, Cathrin*, Mitarbeiterbefragung- was dann...? MAB und Folgeprozesse erfolgreich gestalten, Heidelberg (Springer) 2007, 53.

26 *Fies, Nicole/Schmitt, Vivian*, Mitarbeiterbefragungen – Ausgangsbasis für Benchmarking?, in: *Burgard, Walter/Jöns, Ingela* (Hrsg.), Mitarbeiterbefragung. Ein Instrument des Innovations- und Qualitätsmanagements, Weinheim (Psychologie Verlags Union) 1991, 195-213, hier: 201-202.

27 vgl. *Bungard, Walter/Müller, Karsten/Niethammer, Cathrin*, Mitarbeiterbefragung – was dann...? MAB und Folgeprozesse erfolgreich gestalten, Heidelberg (Springer) 2007, 143.

28 *Pieske, Reinhard*, Benchmarking in der Praxis – erfolgreiches Lernen von führenden Unternehmen, Landsberg/Lech (Moderne Industrie) 1995, 44.

29 *Pieske, Reinhard*, Benchmarking in der Praxis – erfolgreiches Lernen von führenden Unternehmen, Landsberg/Lech (Moderne Industrie) 1995, 44.

30 vgl. *Bungard, Walter/Müller, Karsten/Niethammer, Cathrin*, Mitarbeiterbefragung – was dann...? MAB und Folgeprozesse erfolgreich gestalten, Heidelberg (Springer) 2007, 50.

31 *Becker, Manfred*, Personalentwicklung, Stuttgart (Schäffer-Poeschel) 4. Aufl. 2005, 4.

32 *Scholz, Christian*, Personalmanagement, München (Vahlen) 5. Aufl. 2000, 505.

33 vgl. *Becker, Manfred*, Die neue Rolle der Personalentwicklung. Empirische Befunde und Entwicklungstendenzen, in: *Thom, Norbert/Zaugg, Robert J.* (Hrsg.), Moderne Personalentwicklung. Mitarbeiterpotenziale erkennen, entwickeln und fördern, Wiesbaden (Gabler) 3. Aufl. 2008, 43-48, hier: 46-48.

34 *Flato, Erhard/Reinbold-Scheible, Silke*, Personalentwicklung. Mitarbeiter qualifizieren, motivieren und fördern – Toolbox für die Praxis, Landsberg /Lech (moderne industrie) 2006, 104.

[35] vgl. *Flato, Erhard/Reinbold-Scheible, Silke*, Personalentwicklung. Mitarbeiter qualifizieren, motivieren und fördern – Toolbox für die Praxis, Landsberg/Lech (moderne industrie) 2006, 104.

[36] vgl. *Kienbaum/Hewitt Associates*, Mitarbeiterbefragungen – Die Trends 2008, in: http://www.kienbaum.de/Portaldata/3/Resources/documents/downloadcenter/studie n/andere_studien/Mitarbeiterbefragung_Trends_2008_print.pdf, 22.08.2008, abgerufen am 20.04.2011, 11.

[37] vgl. *Kienbaum/Hewitt Associates*: Mitarbeiterbefragungen – Die Trends 2008, in: http://www.kienbaum.de/Portaldata/3/Resources/documents/downloadcenter/studie n/andere_studien/Mitarbeiterbefragung_Trends_2008_print.pdf, 22.08.2008, abgerufen am 20.04.2011, 2.

[38] *Domsch, Michel E./Ladwig, Désirée H.* (Hrsg.), Handbuch Mitarbeiterbefragung, Berlin (Springer) 2. Aufl. 2006, 5.

[39] *Domsch, Michel E./Ladwig, Désirée H.* (Hrsg.), Handbuch Mitarbeiterbefragung, Berlin (Springer) 2. Aufl. 2006, 5.

[40] vgl. *Levitt, Theodore*, The Globalization of Markets in: Harvard Business Review 61 (3/1983), 92-102.

[41] vgl. *Gardenswartz, Lee/Rowe, Anita*, Diverse Teams at Work. Capitalizing on the Power of Diversity, Irwin (McGraw-Hill) 1995.

[42] *Ely, Robin/Thomas, David A.*, Cultural Diversity at Work: The Effects of Diversity Perspectives on Work Group Processes and Outcomes, in: Administrative Science Quartely 46 (2001), 229-273, hier: 245.

[43] *Ely, Robin/Thomas, David A.*, Cultural Diversity at Work: The Effects of Diversity Perspectives on Work Group Processes and Outcomes, in: Administrative Science Quartely 46 (2001), 229-273, hier: 243.

[44] *Ely, Robin/Thomas, David A.*, Cultural Diversity at Work: The Effects of Diversity Perspectives on Work Group Processes and Outcomes, in: Administrative Science Quartely 46 (2001), 229-273, hier: 240.

[45] *Eichhorn, Felix*, Diversity-gerechte Personalarbeit. Exemplarische Konkretisierung am Beispiel eines diversitygerechten Assessment Centers, Diskussionsbeitrag Nr. 91 des Lehrstuhls für Betriebswirtschaftslehre, insbesondere Organisation, Personal- und Informationsmanagement an der Universität des Saarlandes, Saarbrücken 2010.

[46] *Cox, Taylor Jr.*, The Multicultural Organization, in: Academy of Management Executive 5 (2/1991), 34-47, hier: 38.

47 vgl. *Trebesch, Karsten,* Organisationsentwicklung, in: *Schreyögg, Georg/von Werder, Axel* (Hrsg.), Handwörterbuch Unternehmensführung und Organisation, Stuttgart (Schäffer-Pöschel) 4. Aufl. 2004, 988-997, hier: 988.

48 vgl. *Zimmermann, Frank/Frank, Elisabeth,* Evidenzbasiertes Management und strategische Mitarbeiterbefragungen – Leitlinien, Tipps und Hinweise für eine erfolgreich Implementierung, Zeitschrift für Organisationsentwicklung 17 (01/2008), 23-32, hier: 23.

49 vgl. *Zimmermann, Matthias/Frank, Elisabeth,* Evidenzbasiertes Management und strategische Mitarbeiterbefragungen – Leitlinien, Tipps und Hinweise für eine erfolgreich Implementierung, in: Zeitschrift für Organisationsentwicklung 17 (01/2008), 23-32, hier: 25.

50 vgl. *Bungard, Walter/Müller, Karsten/Niethammer, Cathrin,* Mitarbeiterbefragung – was dann...? MAB und Folgeprozesse erfolgreich gestalten, Heidelberg (Springer) 2007, 7.

51 vgl. *Lüscher, Lotte S./Lewis, Marianne W.,* Organizational Change and Managerial Sensemaking: Working through Paradox, in: Academy of Management Journal 51 (2/2008), 226.

52 vgl. *Lüscher, Lotte S./Lewis, Marianne W.,* Organizational Change and Managerial Sensemaking: Working through Paradox, in: Academy of Management Journal 51 (2/2008), 221-240.

53 vgl. *Lüscher, Lotte S./Lewis, Marianne W.,* Organizational Change and Managerial Sensemaking: Working through Paradox, in: Academy of Management Journal 51 (2/2008), 236.

54 vgl. *Lüscher, Lotte S./Lewis, Marianne W.,* Organizational Change and Managerial Sensemaking: Working through Paradox, in: Academy of Management Journal 51 (2/2008), 227.

55 vgl. *Roberts, Monty,* Das Wissen der Pferde. und was wir Menschen von ihnen lernen können, Köln (Bastei-Lübbe) 9. Aufl. 2010, 189.

56 vgl. *Roberts, Monty,* Das Wissen der Pferde. und was wir Menschen von ihnen lernen können, Köln (Bastei-Lübbe) 9.Aufl. 2010, 192.

57 *Enquête-Kommission Schutz des Menschen und der Umwelt des Deutschen Bundestages* (Hrsg.), Die Industriegesellschaft gestalten. Perspektiven für einen nachhaltigen Umgang mit Stoff- und Materialströmen, Bonn (Economica) 1994, 44-54.

58 *von Hauff, Michael/Kleine, Alexander,* Methodischer Ansatz zur Systematisierung von Handlungsfeldern und Indikatoren einer Nachhaltigkeitsstrategie. Das Integrierende Nachhaltigkeits - Dreieck, Diskussionsbeitrag 19-05, TU Kaiserslautern, Januar 2005, 7.

[59] vgl. *Zaugg, Robert J.,* Nachhaltiges Personalmanagement. Eine neue Perspektive und empirische Exploration des Human Ressource Managements, Wiesbaden (Gabler) 2009, 55-56.

[60] vgl. *Zaugg, Robert J.,* Nachhaltiges Personalmanagement. Eine neue Perspektive und empirische Exploration des Human Ressource Managements, Wiesbaden (Gabler) 2009, 59.

[61] vgl. *Zaugg, Robert J.,* Nachhaltiges Personalmanagement. Eine neue Perspektive und empirische Exploration des Human Ressource Managements, Wiesbaden (Gabler) 2009, 59.

[62] *Schaaf, Nadine,* Projekt K4HR – Nachhaltigkeit im Personalmanagement, Diskussionsbeitrag Nr. 92 des Lehrstuhls für Betriebswirtschaftslehre, insbesondere Organisation, Personal- und Informationsmanagement an der Universität des Saarlandes, Saarbrücken 2010, 8-9.

3 Wer und was steckt dahinter? – Who is it?: …[*]

Aufbauend auf den Anwendungsbereichen einer Mitarbeiterbefragung treten verschiedene *Akteure* in den Vordergrund und nehmen gewisse Rollen ein. Diese Rollen sind in drei konkreten Phasen unterschiedlich ausgeprägt. Allem übergeordnet ist der zugrunde liegende *psychologische Vertrag* als situative Variable anzusehen.

3.1 Welche Akteure gibt es?

Wie der Begriff Mitarbeiterbefragung bereits verdeutlicht, nehmen die Mitarbeiter eine zentrale Rolle in diesem Prozess ein. Daneben sind innerhalb eines Unternehmens die Unternehmensleitung, die Personalabteilung und der Betriebsrat beteiligt. Je nach Entscheidung der Unternehmensleitung, kann ein externes Unternehmen, das mit der Durchführung der Mitarbeiterbefragung beauftragt wird, als weiterer Akteur ergänzt werden (vgl. Abbildung 1).

Die Rollen, welche die Akteure einnehmen, können teilweise übergreifend und teilweise singulär vergeben werden:

- Die *Unternehmensleitung* kann Initiator einer Befragung sein. Daneben ist es auch möglich, dass die Unternehmensleitung lediglich die von einer anderen Stelle initiierte Mitarbeiterbefragung genehmigt. Im Planungs- und Durchführungsprozess tritt sie in den Hintergrund.

- Die *Personalabteilung*, die ebenfalls Initiator sein kann, ist für die inhaltliche und zeitliche Koordination zwischen den beteiligten Akteuren zuständig. Sofern geeignete Kompetenzträger in der Abteilung vorhanden sind, erledigt sie die Organisation, Durchführung und Auswertung der Mitarbeiterbefragung komplett eigenständig. Anderen-

---

[*] Kathrin Deppert, Daniel Grünbaum, Michael Hahn, Orkide Küman, Yi Li, Raphael Müller, Okka Pundt und Kirsten Schumacher

falls greift sie auf erfahrene externe Beratungsinstitute zurück, um in Zusammenarbeit den Gesamtprozess zu gestalten.

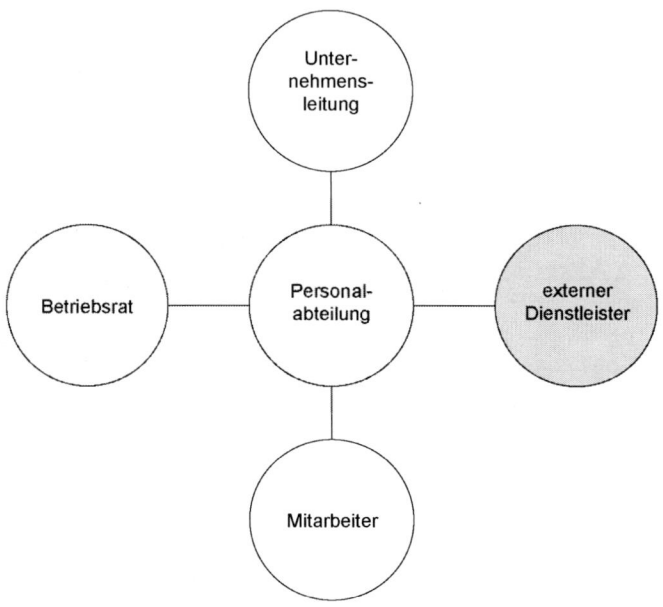

Abbildung 1: Die Personalabteilung als Koordinator

- Dem *Betriebsrat* kann ebenso die Rolle des Initiators zugewiesen werden. Im gesamten Prozess stellt er ein Bindeglied zwischen Mitarbeitern und Unternehmensleitung und/oder Personalabteilung dar. Der Betriebsrat ist über die gesetzlichen Regelungen hinaus miteinzubeziehen, da er großen Einfluss auf die Akzeptanz der Befragung auf Seiten der Mitarbeiter hat.

- *Mitarbeiter* sind „[...] intime Kenner innerbetrieblicher Prozesse".[63] „Der Mitarbeiter ist Experte oder direkt Betroffener der Umsetzung betrieblicher Praktiken und Programme."[64] Diese Aussagen heben die Bedeutung der Rolle der Mitarbeiter bei der Mitarbeiterbefragung hervor.

- *Externe Unternehmen* sind im Rahmen der Mitarbeiterbefragung als Dienstleister eingebunden, die insbesondere bei der Durchführung der Befragung und Erfassung der Daten aktiv sind.

Alle fünf Akteure sind für den Erfolg einer Mitarbeiterbefragung wichtig. Jeder muss in sämtlichen Phasen seine spezifische Rolle wahrnehmen und damit seinen Teil zum Gelingen beitragen.

3.2 Welche Phasen gibt es?

Wie der Ausdruck „Change-Prozess bereits andeutet, besteht dieser aus einer Abfolge einzelner Elemente, wobei die nachgelagerten jeweils auf den vorgelagerten aufbauen.

In großen Teilen der Literatur findet eine Unterteilung der Mitarbeiterbefragung in drei grundsätzliche Phasen statt: Planungs-, Durchführungs- und Nachbereitungsphase: [65]

1. Die Planungsphase umfasst die strategische Zieldefinition, die Projektplanung und die Fragebogengestaltung.
2. Die Durchführungsphase ist die Phase in der die Datenerhebung und Datenanalyse stattfinden.
3. Die Nachbereitungs- oder Follow-Up-Phase beinhaltet die Maßnahmenableitung und deren Evaluation.[66]

Zu beachten ist, dass sich die Erwartungen und Rollen der einzelnen Akteure in den unterschiedlichen Phasen ändern. Inwiefern dies ausgeprägt sein kann, wird an späterer Stelle noch ausgeführt.

3.3 Welche psychologischen Verträge gibt es?

Nimmt ein Arbeitnehmer die Arbeit bei einem Unternehmen auf, so kommt es neben dem eigentlichen Arbeitsvertrag immer auch zu einem psychologischen Vertrag. Unter einem *psychologischen Vertrag* ist also ein über den (juristischen) Arbeitsvertrag hinausgehender Teil des Beziehungsverhältnisses zwischen Arbeitnehmer und Arbeitgeber zu verstehen. Wechselseitige Erwartungen wie loyales Verhalten oder faire Behandlung sind Bestandteile, die im Arbeitsvertrag nur unzulänglich oder überhaupt nicht verankert werden können, die aber für das Engagement und die Arbeitsleistung gleichwohl entscheidende Bedeutung erlangen.[67]

Das Konzept des Darwiportunismus ist eine spezielle Möglichkeit, psychologische Verträge zwischen Arbeitnehmern und Arbeitgebern zu beschreiben:

Darwiportunismus bedeutet „[...] die wechselseitige Beeinflussung zwischen der individuellen Suche nach Chancen (Opportunismus) und dem kollektiven Mechanismus des Aussortierens von dem, was nicht zur Wettbewerbsfähigkeit des Systems beiträgt (Darwinismus)"[68].

Zur Beschreibung von psychologischen Verträgen wird die Darwiportunismus-Matrix verwendet: Auf der X-Achse befindet sich der individuelle Opportunismus, von niedrig bis hoch. Auf der Y-Achse ist der kollektive Darwinismus abgetragen, welcher ebenfalls in niedriger bis hoher Erscheinungsform auftreten kann (Abbildung 2). Alle vier Felder können sowohl positive als auch negative Ausprägungen haben.

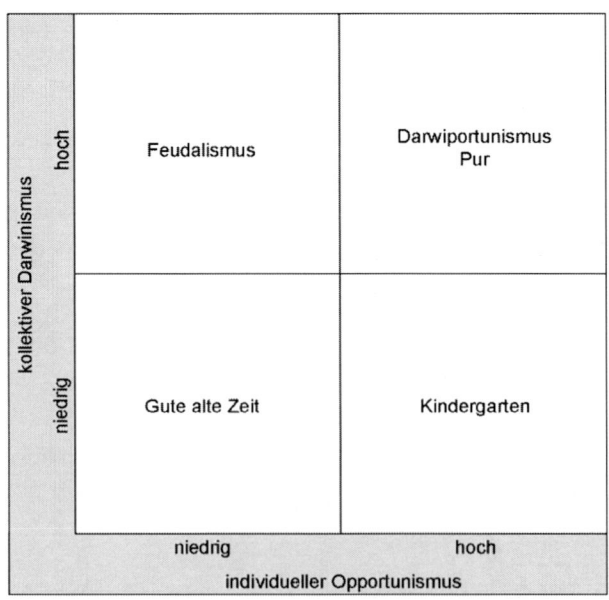

Abbildung 2: Darwiportunismus-Matrix

Aus den Kombinationen von Opportunismus und Darwinismus ergeben sich die nachfolgenden vier Kontrakte:[69]

- Die *Gute alte Zeit* stellt die Arbeitswelt im traditionellen Sinne dar. Im positiven Fall verlassen sich Unternehmen und Mitarbeiter aufeinander und arbeiten ohne großen Druck in einem harmonischen Umfeld zusammen. Im negativen Fall bleibt das Unternehmen sprichwörtlich stehen, da weder Konkurrenz beziehungsweise Marktdruck von außen noch ein Karrierestreben von innen vorhanden ist.

- Beim *Kindergarten* stehen die Ziele der Mitarbeiter im Vordergrund, die weder auf Unternehmensziele noch auf das Überleben des Unternehmens Rücksicht nehmen; dies wird vom Unternehmen akzeptiert. Im positiven Fall entfalten die Mitarbeiter in dieser angstfreien Umgebung ihr Können, was Innovationen ermöglicht. Im negativen Fall entpuppt sich das Unternehmen als Selbstbedienungsladen und es entstehen innerbetriebliche Ineffizienzen, welche zu einer verringerten Überlebenswahrscheinlichkeit der Organisation führen.

- Im *Feudalismus* stehen – im Gegensatz zum Kindergarten – die Unternehmensziele im Vordergrund und es wird wenig bis keine Rücksicht auf die Mitarbeiter und deren Bedürfnisse genommen. Dessen ungeachtet bringen die Mitarbeiter dem Unternehmen Loyalität entgegen. Im positiven Fall führt dies zu Effizienzsteigerung, da externer Marktdruck zu internem Wettbewerbsdruck unter den Mitarbeitern transformiert wird. Im negativen Fall führt jedoch dieser interne Druck zu Problemen bei den Mitarbeitern, bis hin zum Burn-Out-Syndrom, was letztlich zu Fehlern bei der Produktion und zu vermehrten Fehlzeiten führt.

- Bei *Darwiportunismus pur* sind sowohl Mitarbeiter als auch Unternehmen nur an ihren eigenen Interessen und Zielen interessiert. Beide Akteure wissen aber, dass sie dazu den jeweils Anderen brauchen. Beiden Partnern sind die Zielerwartungen ihres Gegenübers bekannt. Im positiven Fall entsteht daraus ein High-Performance-System, in welchem sich der interne Wettbewerb zwischen den Mitarbeitern auf die externe Marktposition positiv auswirkt. Im negativen Fall entsteht ein ständiges Ein- und Aussteigen in dem Sinne, dass im Falle einer Nichterfüllung der Wertschöpfungserwartungen eines Partners dieser sich sofort von dem Anderen trennt.

Kein Feld ist demnach per se als schlecht oder gut zu bewerten. Dies hängt von situativen Faktoren ab und kann folglich nicht verallgemeinert werden. Es sei außerdem angemerkt, dass die Darwiportunismus-Matrix kein strategisches Instrument darstellt, sondern sich ausschließlich zur Zustandsbeschreibung eignet.

3.4 Wie wirken die Kontrakte?

Zu wissen, welcher psychologische Vertrag im eigenen Unternehmen vorliegt, ist von großem Interesse. Gerade sensible Prozesse, wie etwa die Mitarbeiterbefragung, können erfolgsversprechender geplant werden, wenn man weiß, wie die Gegenseite „tickt" und wie die Macht- und Marktverhältnisse im eigenen Unternehmen ausgestaltet sind.

3.4.1 Gute alte Zeit

In der *guten alten Zeit* sind sowohl die Eigeninteressen des Unternehmens als auch die der Mitarbeiter niedrig ausgeprägt.

Dies ist zurückzuführen auf die Zufriedenheit aller Akteure mit der im Unternehmen vorherrschenden Situation. Angesichts der Tatsache, dass ohnehin keine Veränderungsmaßnahmen auf die Mitarbeiterbefragung erfolgen würden, ist die Durchführung dieser nicht notwendig.

Falls doch eine Entscheidung für die Durchführung fällt, ergeben sich folgende Erwartungen und Rollen:

Die Mitarbeiter haben im positiven Sinne die allgemeine Erwartung, dass die Führungskräfte Informationen über die Arbeit an der Basis erlangen. Eine spezielle Erwartung der Mitarbeiter sind verständliche Fragen, die man ohne Probleme nachvollziehen und beantworten kann.

Durch die Befragung soll allgemein das Stimmungsbild abgefragt und Schwachstellen identifiziert werden. Der Mitarbeiter übernimmt hierbei die Rolle eines Auskunftgebers bezüglich dieser Fragestellungen.

Auch in der *guten alten Zeit* kann ein Betriebsrat existieren. Eine tatsächliche Präsenz im Sinne der Wahrnehmung von Aufgaben und Funktionen kann ihm allerdings nicht zugewiesen werden.

Im Rahmen der guten alten Zeit besteht die *Chance* darin, dass sich mittels Hinterfragung der bisherigen Strategie alles als richtig erwiesen hat. Das Unternehmen erhält so eine Selbstbestätigung.

Das *Risiko* stellt sich insofern dar, dass die Befragung nur Ritualcharakter besitzt und sich deswegen kein Nutzen daraus ziehen lässt.

Eine Mitarbeiterbefragung in der *guten alten Zeit* durchzuführen ist im Vergleich zu den Chancen mit relativ hohen Risiken behaftet, nämlich verhältnismäßig viel Geld für ein Ergebnis auszugeben, das vorherschaubar ist und an das keine Folgehandlungen geknüpft sind.

3.4.2 Kindergarten

> Im Modell *Kindergarten* steht die Erfüllung der Wünsche der Mitarbeiter im Vordergrund.

Die allgemeine Erwartung der Mitarbeiter ist es, mithilfe einer Mitarbeiterbefragung das Betriebsklima und daraus resultierend auch die Arbeitssituation zu verbessern. Spezielle Erwartungen sind die Verständlichkeit der Fragen und die freie Meinungsäußerung in der Planungsphase; in der Nachbereitungsphase ist dies ein wunschgerechtes Feedback in Verbindung mit entsprechenden Veränderungsmaßnahmen.

Betrachtet man den positiven Fall, haben die Mitarbeiter keine Angst vor Sanktionen, was sich positiv auf die Rücklaufquote auswirkt. Sie liefern deswegen brauchbare Informationen, weil sie dadurch primär ihre individuellen Ziele vorantreiben möchten. Im negativen Fall nutzen die Mitarbeiter ihre Machtposition aus, um ihre eigenen zu hohen oder unrealistischen Erwartungen durchzusetzen. Zum Erzwingen ihrer eigenen Interessen geben sie bewusst falsche Antworten.

Die Personalabteilung verfolgt das Ziel, die Mitarbeiter möglichst zufriedenzustellen. Ihre Erwartung bei einer Mitarbeiterbefragung ist eine möglichst hohe Teilnahme. Es ist wichtig, dass zum Beispiel in der Vorbereitungsphase Anreize für die Mitarbeiter zur Beteiligung geschaffen werden.

Die Existenz eines Betriebsrates im *Kindergarten* ist grundsätzlich nicht notwendig, da bereits nur die Interessen der Mitarbeiter im Vordergrund stehen. Ist der Betriebsrat dennoch Teil des Unternehmens, so nimmt dieser ähnliche Erwartungen und Rollen wie die Personalabteilung ein. Somit kann auch der Betriebsrat weitere Bedürfnisse der Mitarbeiter wecken.

Die Erwartung der Unternehmensleitung an die Personalabteilung und den Betriebsrat ist die Erzeugung eines angstfreien Raumes. Die Unternehmensleitung stellt die entsprechenden Ressourcen zur Verfügung, um glückliche und zufriedene Mitarbeiter zu haben. Denn auch im Rahmen der Mitarbeiterbefragung können durch diese angstfreie Umgebung Innovationen ermöglicht werden.

Bezogen auf das Prinzip *Kindergarten* lässt sich die längerfristige Bindung der Mitarbeiter an das Unternehmen als Chance sehen. Als Beispiel für Bindungsanreize sind Geld oder stärkere Partizipationsrechte auf Führungsebene zu nennen.

Dass die Mitarbeiterbefragung als Weihnachtswunschzettel angesehen wird, stellt das *Risiko* des Kontraktes *Kindergarten* dar.

Auch in der Zelle *Kindergarten* ist die Mitarbeiterbefragung für Unternehmen mit relativ hohen Risiken behaftet. Sie sollte daher nur dann durchgeführt werden, wenn das Unternehmen ein konkretes Ziel damit verfolgt – Klimabefragungen werden jedoch nur dazu genutzt werden, die eigene Wünsche noch einmal ausdrücklich zu artikulieren.

3.4.3 Feudalismus

Die Erwartungen der Mitarbeiter richten sich an den Weisungen der Führungskräfte aus. Die Mitarbeiter sind reine Empfänger von Befehlen und haben demzufolge kaum eigene Ziele und Hoffnungen. Daher verhält der Mitarbeiter sich aufgrund mangelnder Optionen so, wie es von ihm erwartet wird. In der positiven Ausprägung des *Feudalismus* ist der Mitarbeiter Untergebener, welcher entsprechend den Anweisungen handelt. Dies spiegelt sich im Kontext der Mitarbeiterbefragung in den Ergebnissen wider. In der negativen Ausprägung des *Feudalismus* entstehen, aufgrund des gegenwärtigen Drucks und der Angst vor Sanktionen, sozial erwünschte Antworten.

> Im *Feudalismus* stehen im Hinblick auf die Mitarbeiterbefragung einzig und allein die Interessen des Unternehmens im Fokus.

So geht es primär darum, Fehler zu identifizieren und weniger um ein Stimmungsbild der Mitarbeiter. Demzufolge wird auf die Wünsche der Mitarbeiter nicht eingegangen, sondern erwartet, dass diese ihre Rolle erfüllen und als reine Weisungsempfänger „funktionieren". Das Unternehmen hat somit die Macht, Druck auf die Mitarbeiter auszuüben.

Durch die autoritäre Haltung der Unternehmensleitung wird versucht, die Gründung eines Betriebsrats zu verhindern. Sollte sich trotzdem ein Betriebsrat etablieren, wird durch die Führung ein erhöhter Druck ausgeübt, so dass der Betriebsrat sich unterordnet. Er könnte allerdings die Mitarbeiterbefragung blockieren, was aber dazu führen könnte, dass das Unternehmen seine Macht in anderer Weise ausübt (z.B. Kündigungen).

Die Erwartung der Personalabteilung ist, die Aufträge der Unternehmensleitung bestmöglich umsetzen zu können. Von den Mitarbeitern erhofft sich die Personalabteilung hohe Akzeptanz also eine hohe Beteiligung. Bei Vorhandensein eines Betriebsrats wird die Zusammenarbeit angestrebt und Unterstützung erhofft.

Die *Chancen* liegen – trotz der Unterdrückung der Mitarbeiter – in der Steigerung der Effizienz durch Eliminierung von Schwachstellen.

Der *Feudalismus* birgt aber auch das *Risiko* der inneren Resignation. Die Mitarbeiterbefragung stellt in diesem Fall für den Mitarbeiter eine unüberwindbare Hürde dar.

Im Feudalismus ist die Mitarbeiterbefragung eine heikle Sache. Zwar kann das Unternehmen mit vielen ausgefüllten Fragebögen rechnen, eine Kontrolle, ob es sich hierbei um ehrliche Meinungen oder sozial erwünschte Antworten handelt, ist jedoch nicht möglich.

3.4.4 Darwiportunismus pur

Im *Darwiportunismus pur* besteht ein Spannungsverhältnis aus Darwinismus und Opportunismus: Während das Unternehmen seine Interessen verfolgt, suchen die Mitarbeiter ganz gezielt ihre Vorteile.

Betriebsklima, Informationen über die Arbeit an der Basis sowie Optimierung beziehungsweise Initiierung von Verbesserungsprozessen sind allgemeine Erwartungen der Mitarbeiter hinsichtlich der Mitarbeiterbefragung. Des Weiteren erhofft man sich eine hohe Relevanz der Fragen, Verständlichkeit der Fragen, freie Meinungsäußerung, Anonymität und Feedback bei der Gestaltung. Zukunftsfokussierung, Behandlung von Ursachen und Maßnahmen (nicht nur Symptome) sowie Stärken und Schwächen sind weitere Punkte in Bezug auf die Gestaltung der Mitarbeiterbefragung.

Die Mitarbeiter erkennen ihre Chance im Rahmen der Mitarbeiterbefragung und nutzen diese auch; sie wissen aber, dass sie dazu das Unternehmen brauchen. Sie erfüllen alle Aufgaben im Rahmen der Befragung effektiv und effizient. Sie geben Informationen über Fehler im System, aber nur, weil sie dadurch ihre Situation verbessern möchten. In der Vorbereitungsphase ist die Kommunikation gegenüber den Mitarbeitern wichtig, da beide Parteien voneinander abhängig sind.

Der Betriebsrat erwartet eine hohe Beteiligung bei der Mitarbeiterbefragung, um für sich wertvolle Informationen herauszufiltern und durch diese gewonnenen Daten seine Machtposition zu stärken. Dies zeigt, dass der Betriebsrat auf Augenhöhe mit der Unternehmensleitung agieren kann. Während der Phasen der Mitarbeiterbefragung macht der Betriebsrat Gebrauch von seinem rechtlichen Handlungsspielraum und darüber hinaus von seiner indirekten Macht (Beeinflussung der Mitarbeiter).

Personalentwicklung, Fehlzeitenanalyse, Identifizierung von Schwachstellen und Veränderungsprozesse sind die Primärziele der Personalabteilung. Des Weiteren ist die Identifizierung und anschließende Minimierung beziehungsweise Ausräumung von Personalrisiken – Anpassungsrisiko (falsch qualifizierte Mitarbeiter), Austrittsrisiko (gefährdete Leistungsträger), Motivationsrisiko (zurückhaltende Leistung), Engpassrisiko (fehlende Leistungsträger) und Integrationsrisiko – zentraler Bestandteil ihrer Erwartungen. Das Integrationsrisiko ist unter der Prämisse des Diversity Managements und unter Beachtung des Allgemeinen Gleichbehandlungsgesetzes (AGG) gesondert zu behandeln[70]. Bezogen auf die Mitarbeiterbefragung zeigt sich, dass die Personalabteilung eine Schlüsselposition im Netzwerk der Akteure einnimmt. Sie ist einerseits an der Erreichung ihrer Ziele – Optimierung der Personalarbeit – interessiert. Andererseits muss sie den Mitarbeitern die Entfaltung ihrer persönlichen Kompetenzen ermöglichen.

Die Unternehmensleitung verfolgt im *Darwiportunismus pur* zunächst die Interessen des Unternehmens. Dennoch müssen bei der Zielbildung die Interessen der Mitarbeiter Berücksichtigung finden, da Unternehmen und Mitarbeiter in einem bestimmten Abhängigkeitsverhältnis stehen.

Im Rahmen der Mitarbeiterbefragung zeigt sich die *Chance* in der nutzenstiftenden Wirkung für alle beteiligten Akteure. Für jeden Akteur ergeben sich durch die Befragung Vorteile, die seine individuellen Ziele vorantreiben.

Ein *Risiko* liegt in der Stagnation, da jeder Akteur ausschließlich seine Ziele und Interessen durchsetzen will und es dadurch zu keiner Einigung kommt.

Die Zelle des *Darwiportunismus pur* bietet die beste Chance auf eine Mitarbeiterbefragung, die inhaltlich gut ist, da die Mitarbeiter ehrliche Antworten geben und sie deswegen auch dazu geeignet ist, Maßnahmen aus ihren Ergebnissen abzuleiten.

3.5 Was folgt daraus?

Schlussfolgernd kann aus den vorhergehenden Ausführungen folgendes abgeleitet werden:

Aus den Wechselwirkungen zwischen den Akteuren und den Ausprägungen der Darwiportunismus-Matrix resultieren gewisse Chancen und Risiken für alle Akteure. Beispielhaft werden der Kontrakt *Darwiportunismus pur* und die beteiligten Mitarbeiter sowie die Unternehmensleitung herausgegriffen. Als Chance dient die Mitarbeiterbefragung sowohl den

Mitarbeitern als auch der Unternehmensleitung, da beide somit ihre individuellen Ziele erreichen können. Ein Risiko kann sich für beide Seiten jedoch dahingehend ergeben, dass keine Annäherung der Parteien erreicht wird, sie sich blockieren und somit in einen Zustand der Stagnation verfallen.

Tabelle 1 spiegelt die Wechselwirkungen der verschiedenen Ausprägungen wider.

	Mitarbeiter	Betriebsrat	Personal-abteilung	Unternehmens-leitung
Gute alte Zeit	+ Sicherheit	+ wenig Arbeit	+ wenig Arbeit	+ Selbstbestätigung und Loyalität
	− MAB langweilig	− wenig Macht	− wenig Macht	− MAB wird zum Ritual
Kindergarten	+ mehr Wünsche	+ viel Macht	+ Macht gegenüber Führung	+ Mitarbeiterbindung
	− kann nicht alles erfüllt werden	− Wunscherfüller	− Wunscherfüller	− immer mehr Wüsche
Feudalismus	+ Optimierung	+ Blockiermacht	+ viel Macht	+ Verbesserungen
	− innere Resignation	− Führung bremst aus	− unbrauchbare MAB bei Resignation	− Rückgang der Produktivität
Darwiportunismus pur	+ gleiche Höhe	+ viel Macht	+ viel Macht	+ Schwachstellenerkennung
	− Stagnation	− Stagnation	− Stagnation	− Stagnation

Tabelle 1: Chancen und Risiken der Akteure im Kontext
der Darwiportunismus-Matrix

Hierbei zeigt sich noch einmal, dass insbesondere Mitarbeiterbefragungen im Darwiportunismus pur vielversprechend sind, sofern es nicht zu einer Situation der gegenseitigen Blockade kommt.

Quellennachweis

[63] vgl. *Bungard, Walter,* Feedback in Organisationen, in: *Jöns, Ingela/Bungard, Walter* (Hrsg.), Feedbackinstrumente im Unternehmen, Wiesbaden (Gabler) 2005, 7-28, hier: 22.

[64] vgl. *Müller, Karsten/Bungard, Walter/Jöns, Ingela,* Mitarbeiterbefragung – Begriff, Funktion, Form, in: *Bungard, Walter/Müller, Karsten/Niethammer, Cathrin* (Hrsg.), Mitarbeiterbefragung – ...was dann?, Heidelberg (Springer) 2007, 6-12, hier: 10.

[65] vgl. *Jöns, Ingela/Müller, Karsten,* Vorbereitung, Planung und Organisation von Mitarbeiterbefragungen, in: *Bungard, Walter/Müller, Karsten/Niethammer, Cathrin* (Hrsg.), Mitarbeiterbefragung – was dann...?. MAB und Folgeprozesse erfolgreich gestalten, Heidelberg (Springer Medizin) 2007, 13.

[66] vgl. *Jöns, Ingela/Müller, Karsten,* Vorbereitung, Planung und Organisation von Mitarbeiterbefragungen, in: *Bungard, Walter/Müller, Karsten/Niethammer, Cathrin* (Hrsg.), Mitarbeiterbefragung – was dann...?. MAB und Folgeprozesse erfolgreich gestalten, Heidelberg (Springer Medizin) 2007, 13-14.

[67] vgl. *Gabler Verlag* (Hrsg.), Gabler Wirtschaftslexikon, Stichwort: psychologischer Vertrag, online im Internet: http://wirtschaftslexikon.gabler.de/Archiv/86166/psychologischer-vertrag-v5.html, abgerufen am 19.05.2011.

[68] *Scholz, Christian,* Spieler ohne Stammplatzgarantie, Weinheim (Wiley-VCH) 2003, 81.

[69] vgl. *Scholz, Christian,* Spieler ohne Stammplatzgarantie, Weinheim (Wiley-VCH) 2003, 89-92.

[70] vgl. *Klaffke, Martin* (Hrsg.), Strategisches Personalmanagement von Personalrisiken. Konzepte, Instrumente, Best Practices, Wiesbaden (Gabler) 2009, 8-14.

4 Kontextfaktoren – Highway to Hell...

Mitarbeiterbefragungen können nicht isoliert betrachtet werden. Vielmehr müssen als Rahmenbedingungen die Faktoren Macht und Angst berücksichtigt werden, da sie in allen Phasen der Befragung wirken.

4.1 Macht[*]

Macht ist allgegenwärtig, vieldiskutiert und doch im Zusammenhang mit Mitarbeiterbefragungen noch nicht ausreichend analysiert. Es stellt sich somit die Frage, inwieweit Macht Einfluss auf die Mitarbeiterbefragung nehmen kann. Dazu soll zunächst das Konstrukt Macht definiert werden.

4.1.1 Machtgrundlagen

Soziale Macht wird als die maximale Fähigkeit einer Person oder Gruppe, andere innerhalb desselben Systems zu beeinflussen, bezeichnet.[71]

Aus Organisationssicht definiert *Mintzberg* Macht als die „Fähigkeit, den organisationalen Erfolg zu bewirken (oder zu beeinflussen)"[72]. Macht zu besitzen bedeutet, fähig zu sein, Erwünschtes umzusetzen und Ergebnisse sowohl durch Handlungen als auch durch vorhergehende Entscheidungen zu erzielen.[73]

Die Macht eines Akteurs kann jedoch nur spezifiziert werden, wenn man weiß, über wen er Macht hat. Somit spiegelt Macht immer eine Abhängigkeitsbeziehung innerhalb von Gruppen, zwischen Personen oder zwischen Personen und Gruppen wider. Soziale Beziehungen bewirken immer eine gegenseitige Abhängigkeit. Die Akteure nehmen Einfluss auf die Erfüllung der Ziele des jeweils anderen und können diese verhindern oder deren Erreichen erleichtern. Nach den Macht-Abhängigkeits-

---

[*] Marisa Franke

Verhältnissen gilt: „Die Macht von A über B entspricht und basiert auf der Abhängigkeit des B von A."[74] B kann gleichzeitig auch Macht über A haben, wobei sich die gegenseitigen Machtverhältnisse jedoch nicht ausgleichen können.[75]

Das von *French und Raven* im Jahr 1959 veröffentlichte Modell der sechs Machtgrundlagen („power bases") umfasst Belohnungsmacht (reward power), Bestrafungsmacht (coercive power), legitime Macht (legitimate power), Expertenmacht (expert power), Macht durch Vorbildcharakter (referent power) und Informationsmacht (informational power).[76]

Belohnungsmacht wird nach diesem Modell definiert als die Macht, die durch die Möglichkeit entsteht, jemanden für seine Leistung zu belohnen. Die Form der leistungsbezogenen Vergütung ist ein Beispiel für Belohnungsmacht, da die steigende Leistung mit steigender Vergütung belohnt wird.

Eine Person, die Belohnungsmacht besitzt, verfügt meist auch über *Bestrafungsmacht*. Durch sie kann der Machthaber seinen Untergeordneten bestrafen. Dabei kann schon die angedrohte Strafe ihre Wirkung entfalten und den Untergeordneten von Fehlentscheidungen fernhalten, ohne dass es der tatsächlichen Strafe bedarf. Beispielsweise hat eine Führungskraft die Macht einen Mitarbeiter zu entlassen. Schon das Androhen der Strafe, hier beispielsweise einer Abmahnung, reicht oftmals aus, um das gewünschte Verhalten des Mitarbeiters zu erreichen.

Belohnungs- und Bestrafungsmacht sind jedoch keine effizienten Machtgrundlagen, da der Machthaber die Untergeordneten beobachten und daraufhin ein Urteil fällen muss, ob er sie belohnt beziehungsweise bestraft. Die im Folgenden definierten Machtgrundlagen hingegen entfalten ihre Macht schon durch die Position, die der Machthaber besitzt und sind somit als effizientere Stufen anzusehen.

Legitime Macht ergibt sich durch die Stellung, die eine Person in einer Organisation innehat. Demnach kann ein Vorgesetzter seinem Untergeordneten durch legitime Macht Vorgaben machen, die dieser zu erfüllen hat. Zum Beispiel bestimmt ein Projektleiter die Aufgabenverteilung unter den Mitarbeitern.

Der Inhaber von *Expertenmacht* weist in seinem Fachgebiet Kenntnisse auf, aufgrund derer er von anderen Personen als Experte wahrgenommenen wird. Durch seine Expertise können andere Personen beeinflusst und Macht auf sie ausgeübt werden. So weist ein Ingenieur technisches Fachwissen auf, einem Jurist wird in Rechtsfragen Expertenwissen zugeschrieben und auf den Kaufmann verlässt man sich bei der Rechnungslegung.

Wenn eine Person A sich wünscht einer Person B möglichst ähnlich zu sein oder sich sogar mit B identifiziert, erhält B die Macht, A zu beeinflussen. Dabei handelt es sich um *Macht durch Vorbildcharakter*. Diese Macht muss von Person A nicht unbedingt wahrgenommen werden. Je stärker die Identifikation mit Person B ist, desto stärker ist auch deren Macht über A.

Informationsmacht besteht, sobald eine Führungskraft qualitativ hochwertige Informationen offenbart, die von den Untergeordneten als überzeugend eingestuft werden. Im Vergleich zur Expertenmacht ergibt sich die Informationsmacht nicht aus der Stellung der Person innerhalb der Organisation, sondern aus den objektiven Informationen, die diese Person zu bieten hat.

Diese sechs Machtgrundlagen sind jedoch nicht immer gleich stark ausgeprägt, vielmehr ergeben sich – je nachdem welcher psychologische Vertrag im Unternehmen vorherrst – unterschiedliche Machtkonstellationen.

4.1.2 Machtkonstellationen

Eingebettet in den Kontext der Mitarbeiterbefragung lassen sich die Wirkungen der Macht anhand der Darwiportunismus-Matrix aufzeigen, um die Machtformen in verschiedene praxisrelevante Umfelder einzugliedern. Dazu wird zwischen den vier Feldern der Matrix unterschieden und typische Machteinflüsse der verschiedenen Akteure analysiert.

Gute alte Zeit

Traditionell ist im Feld der *guten alten Zeit* die Führungskraft mit legitimer Macht ausgestattet, also mit Macht, die sich aus ihrer Position ergibt.[77]

Denn die Mitarbeiter beteiligen sich pflichtbewusst an allem, was ihnen „von oben" auferlegt wird. Allerdings ist aufgrund des gering ausgeprägten Darwinismus die Machtwirkung niedrig. Wenn im Feld der *guten alten Zeit* eine Mitarbeiterbefragung durchgeführt wird sträuben sich die Mitarbeiter nicht an der Befragung teilzunehmen. Es wird kein Druck auf sie ausgeübt sich an der Befragung zu beteiligen, da in Harmonie zusammengearbeitet wird. Dadurch ist die Machtentfaltung bei keinem der Akteure hoch ausgeprägt. Es gibt keinen internen Wettbewerb, die Mitarbeiter konkurrieren also nicht untereinander und sehen keinen Grund bei der Befragung unehrliche, angepasste Aussagen zu machen.

In der *guten alten Zeit* ist die Macht innerhalb der Darwiportunismus-Matrix insgesamt am geringsten ausgeprägt. Es ergibt sich lediglich legitime Macht durch die Stellung, die die Vorgesetzten während der Mitarbeiterbefragung einnehmen.

Kindergarten

Das Feld des *Kindergarten* in der Darwiportunismus-Matrix ist durch Innovation im positiven Fall und durch überzogene Einflussnahme durch die Mitarbeiter im negativen Fall geprägt. Dadurch kann man eine größere Macht der Mitarbeiter annehmen, als es in der *guten alten Zeit* der Fall ist. Sie besitzen bei der Mitarbeiterbefragung Belohnungs- und Bestrafungsmacht, dadurch dass sie die Vorgesetzten bewerten und somit belohnen oder abstrafen können. Die Mitarbeiter verhalten sich „kindlich spielerisch" und versuchen ihren Willen um jeden Preis durchzusetzen. Die einzige Eingriffsmöglichkeit könnte sich durch den Betriebsrat ergeben, der wie ein Kindergärtner auf das Verhalten der Mitarbeiter reagiert. Bezogen auf die Mitarbeiterbefragung sollte der Betriebsrat die Mitarbeiter in geregelte Bahnen lenken, um die Mitarbeiter zur Teilnahme an der Befragung zu animieren.

Entgegen des Falls der *guten alten Zeit* ist eine Intensivierung und Verschiebung der Macht hin zu den Mitarbeitern zu konstatieren. Problematisch ist, die Mitarbeiter zu „bändigen", um sie zur Teilnahme an der Befragung zu motivieren. Hier hat der Betriebsrat lediglich Macht durch Vorbildcharakter.

Feudalismus

Im *Feudalismus* wird wenig Rücksicht auf die Bedürfnisse der Mitarbeiter genommen. Daraus resultiert eine erhöhte Macht seitens der Führungskräfte und der Unternehmensleitung, die als „Herrschende" wahrgenommen werden. Ihnen kommt somit die Macht zu, Mitarbeiter vor und während der Befragung in ihrem Antwortverhalten zu beeinflussen und nach der Durchführung für ihre Aussagen in der Mitarbeiterbefragung zu belohnen oder zu bestrafen. Eine negative Ausprägung des *Feudalismus* ist, dass ein so großer Druck vom Unternehmen ausgeht, der im schlimmsten Fall zum Burn-out bei den Mitarbeitern führen kann. Auf den Entschluss zur Teilnahme an der Befragung kann sich dieser Druck insofern auswirken, als dass die Mitarbeiter gar nicht erst bereit sind an der Befragung teilzunehmen oder angepasste Antworten geben, um keine Konsequenzen erwarten zu müssen.

Im *Feudalismus* ist die Situation durch die Machteinwirkung der Unternehmensleitung und der Führungskräfte geprägt. Ihnen kommt legitime Macht zu, die sie ausnutzen, um Einfluss auf ihre Untergebenen auszuüben. Die Mitarbeiterbefragung selbst und ihre Ergebnisse werden dadurch gefährdet.

Darwiportunismus pur

Im Feld des *Darwiportunismus pur* besitzen einerseits die Führungskräfte und die Unternehmensleitung Macht über die Mitarbeiter. Zunächst ergibt sich legitime Macht dadurch, dass die Vorgesetzten ihre Position ausnutzen, um Einfluss auf die Mitarbeiter zu nehmen. Andererseits verfügen aber auch die Mitarbeiter über Macht. Die Mitarbeiter vertreten durch hoch ausgeprägten Opportunismus ihre eigenen Interessen und versuchen so ihren Nutzen zu maximieren. Bei der Durchführung einer Mitarbeiterbefragung stehen sich also verschiedene Akteure mit unterschiedlichen Machtwirkungen entgegen: Die Unternehmensleitung und die Führungskräfte versuchen ebenfalls ihre Macht zu maximieren. Es kommt hier zu gegenseitigen Macht-Abhängigkeits-Verhältnissen, die sich jedoch nicht gegenseitig aufheben können. Vielmehr bleibt die Macht auf beiden Seiten bestehen. Das Antwortverhalten der Mitarbeiter und die Art der Kommunikation werden dadurch beeinflusst.

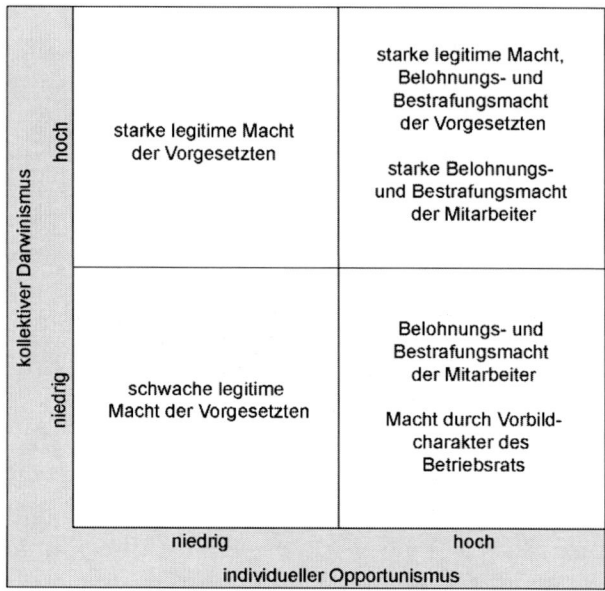

Abbildung 3: Machtkonstellation in der Darwiportunimus-Matrix

Im *Darwiportunismus pur* verfügen sowohl Mitarbeiter als auch Vorgesetzte über, im Vergleich zur *guten alten Zeit*, stärker ausgeprägte Macht. Die Akteure befinden sich implizit in einem ständigen Macht- und Konkurrenzkampf. Durch die sich entgegenstehenden Machthaber ergibt sich ein Bedrohungspotential, durch welches im schlimmsten Fall die Mitarbeiterbefragung verhindert wird.

Die unterschiedlichen Machtverhältnisse werden folgend in der Darwiportunismus-Matrix aufgezeigt (Abbildung 3)

Während sich *Kindergarten* und *Feudalismus* durch eine einseitige Machtverteilung auszeichnen, herrscht in der *guten alten Zeit* eine relative Machtlosigkeit. Die Zelle *Darwiportunismus pur* zeichnet sich hingegen durch eine Pattsituation mit beidseitig hoher Macht aus.

4.2 Angst[*]

Angst ist eine der am häufigsten auftretenden Emotionen im Leben eines Menschen und tritt in vielfältigen Situationen auf. Auch im Rahmen von Mitarbeiterbefragung ist Angst als wichtiger Kontextfaktor zu beachten. Sie beeinflusst im Rahmen einer Mitarbeiterbefragung zum einen direkt die Akteure, zum anderen wirkt sie sich auf die Ausgestaltung der einzelnen Phasen der Befragung aus.

4.2.1 Angstformen

Angst ist „[...] eine kognitive, emotionale und körperliche Reaktion auf eine Gefahrensituation bzw. auf die Erwartung einer Gefahren oder Bedrohungssituation. Als kognitive Merkmale sind subjektive Bewertungsprozesse und auf die eigene Person bezogene Gedanken anzuführen. [...] Emotionales Merkmal ist die als unangenehm erlebte Erregung, die sich auch in physiologischen Veränderungen manifestieren und mit Verhaltensänderungen einhergehen kann."[78]

Angst kann gerade in Arbeitsprozessen in sehr unterschiedlichen Arten auftreten und lässt sich kategorisieren als Angst vor Personen (zum Beispiel vor Vorgesetzten, Kollegen), als Angst vor Ereignissen (zum Beispiel Angst vor Arbeitsplatzverlust, Versetzung) und als Angst in Bezug auf die eigenen Fähigkeiten (zum Beispiel Angst, vor Menschen zu präsentieren).[79] Nahezu alle Reize, Situationen, Personen, Verhaltensweisen und Umstände können Ängste hervorrufen. So kann auch Angst im Arbeitsleben in den unterschiedlichsten Situationen auftreten (zum Beispiel flaues Gefühl vor Präsentationen; Angst vor Vorgesetzten) und ist von großer Relevanz, da sie auf allen Hierarchiestufen auftreten und die Leistungsfähigkeit bisweilen massiv beeinträchtigen kann.[80]

Darüber hinaus stellt die Struktur von Arbeitsplätzen und die Arbeitsorganisation bereits eine Quelle von Angst dar und wird oft mit Bedrohungsstimuli assoziiert.[81] Arbeitsplatzspezifische Angstauslöser können

---

[*] Ulrike Moritz

Leistungsanforderungen und -versagen, Bedrohungen durch Vorgesetzte, Karriere und Hackordnung, soziale Konflikte und Mobbing, physische Bedrohungen und Unfallgefahren sowie existenzielle Bedrohungen sein.[82] Für das Arbeitsleben bedeutsame Ängste können also unterschieden werden in *Existenzängste, soziale Ängste* und *Leistungs-* beziehungsweise *Versagensängste*.[83]

Existenzängste

Existenzangst kann als emotionaler Zustand beschrieben werden, in dem der Betroffene um seine körperliche oder berufliche Existenz fürchtet.[84] Beispielhaft kann hier die Angst vor dem Verlust des Arbeitsplatzes oder die Todes- und Krankheitsangst genannt werden. Bei der Angst vor körperlichen Verletzungen ist es sinnvoll eine berufsgruppenspezifische Differenzierung vorzunehmen, da es naturgemäß wahrscheinlicher ist, einen Unfall bei vorwiegend körperlicher Arbeit zu erleiden, als bei Bürotätigkeiten.[85] Der mögliche Arbeitsplatzverlust stellt ebenso eine Belastung für den Mitarbeiter dar, da dieser über den Arbeitsplatz auch seinen sozialen Status und seine Selbstdefinition vornimmt.[86]

Soziale Ängste

Soziale Ängste können in zwischenmenschlichen Stresssituationen auftreten.[87] Der Kontakt mit anderen Menschen oder auch nur der Gedanke daran erhöht die Selbstaufmerksamkeit. Hierbei erfolgt eine Selbstwertbedrohung dadurch, dass ein interner Bewertungsprozess das eigene Verhalten mit den als normiert angesehenen Erwartungen des sozialen Umfelds abgleicht und so ein ständiger Druck nach Anpassung und damit auch die Angst des „Nichtnachkommens" entsteht.[88] Beispielhaft können hier die Angst vor Kollegen oder Vorgesetzten sowie Scham genannt werden aber auch das Gefühl des Umfeldes, der Betroffene sei unbeholfen oder nicht hinreichend gebildet. Es entsteht der Eindruck, die Person besitze mangelnde soziale Kompetenzen.[89] Gerade der Arbeitsplatz ist geeignet soziale Konflikte auszulösen, da man zwangsweise ständig mit Kollegen in Kontakt kommt; auch mit solchen, mit denen man unter normalen Bedingungen nicht in Kontakt treten würde.[90]

Leistungs- und Versagensängste

Eine enge Verbindung zu sozialen Ängsten im beruflichen Kontext weist die Leistungs- und Versagensangst auf. Hierbei erfolgt eine Selbstwertbedrohung, da sich das Individuum aufgrund von Leistungsanforderungen vor einer Arbeitsaufgabe, deren eventuell unzureichender Durchführung und der weitreichenden Konsequenzen für das Unternehmen fürchtet.[91] Die Selbstwertbedrohung entsteht hier allerdings durch die Leistungsanforderungen und nicht mehr durch zwischenmenschliche Beziehungen.[92] Mit Leistungs- und Versagensangst verbunden ist die Angst vor Veränderungen, Angst vor Verantwortung und Angst vor Konkurrenzdruck.[93]

Wenn bei einem Individuum der Eindruck entsteht, dass die Anforderungen der Umwelt seine eigenen Fähigkeiten und Fertigkeiten übersteigen, gerät es in Stress, das heißt sein Organismus ist in einem Zustand der Alarmbereitschaft und stellt sich auf erhöhte Leistungsanforderungen ein.[94] Stress steht dabei in engem Zusammenhang mit Angst, da bei subjektiv erlebtem Stress oft gleichfalls Angst empfunden wird.[95]

Nimmt die Angst ein krankhaftes Ausmaß an, kann es zu Arbeitsplatzphobien kommen. Eine Arbeitsplatzphobie liegt dann vor, „wenn bestimmte Reize am Arbeitsplatz (wie Personen, Ereignisse, Objekte, Situationen oder allein der Gedanken an den Arbeitsplatz) zu einer Panikreaktion und einem Vermeidungsverhalten bezüglich der Arbeitsstelle oder arbeitsassoziierte[n] Stimuli führen".[96]

Auch Mitarbeiterbefragungen sind geeignet diese Angstarten auszulösen, da sie auf Seiten der Führungskräfte und der Unternehmensleitung die berufliche Leistung beurteilen sollen aber auch neue Arbeitsaufgaben in Form von Umsetzungsmaßnahmen mit sich bringen. Die obigen Angstarten werden bei Mitarbeitern durch Mitarbeiterbefragungen ausgelöst, da diese in einem sozialen Abhängigkeitsverhältnis zu ihrem Arbeitgeber stehen und somit aufgrund fehlender Anonymität Sanktionen von den ihnen gegenüber stehenden Machtträgern befürchten.

4.2.2 Angstkonstellationen

Um dem situativen Charakter von Angst im Rahmen von Mitarbeiterbefragungen Rechnung zu tragen, sollen die drei Grundformen der Angst

im Nachfolgenden anhand der einzelnen Ausprägungen der Darwiportunismus-Matrix (vgl. Kapitel 3.3) näher beleuchtet werden.

Gute alte Zeit

Die traditionelle Arbeitswelt basiert auf einem Austausch von Loyalität
und Sicherheit.[97] Den Mitarbeitern stehen die Führungskräfte und die
Unternehmensleitung mit legitimer Macht gegenüber. Allerdings wird
diese von ihnen nicht als ängstigend empfunden, da in der *guten alten Zeit*
harmonisch zusammen gearbeitet wird und die Mitarbeiter auf die Kom-
petenz der Vorgesetzten vertrauen und das annehmen, was ihnen als
richtig vorgegeben wird. Die Mitarbeiter stehen der Mitarbeiterbefragung in dieser Ausprägung daher nicht negativ gegenüber und betrachten
die Befragung als notwendigen Prozess. Die arbeitsplatzspezifischen
Angstauslöser, wie Bedrohung durch den Vorgesetzten, Karriere, Hackordnung und existenzielle Bedrohungen[98], treten in der traditionellen
Arbeitswelt nicht auf, da es nicht zu Wettbewerbsdruck und Profilie-
rungsstreben kommt. So kommt es auf Seiten der Mitarbeiter bei Mitarbeiterbefragungen nicht zu Existenz-, sozialen sowie Leistungs- und Versagensängsten, da der psychologische Kontrakt zwischen Unternehmen
und Mitarbeiter in der *guten alten Zeit* zu einer betrieblichen Stabilität und
dem Gefühl von Sicherheit führt.

Aufgrund der Machtkonstellationen in der Ausprägung *gute alte Zeit* sind
die Ängste auf Seiten aller Beteiligten der Mitarbeiterbefragung zum Beispiel im Vergleich zu der Ausprägung *Darwiportunismus pur* geringer ausgeprägt, da ebenfalls die Machtbeziehungen niedrig ausgeprägt sind.

Kindergarten

Die Zelle *Kindergarten* ist davon geprägt, dass „die Mitarbeiter ihre eigenen
Chancen- und Nutzenüberlegungen in den Vordergrund [stellen]"[99]. Es
wird ein angstfreies Umfeld geschaffen, in dem der Mitarbeiter sich entfalten kann. Somit hat der Mitarbeiter in dieser Ausprägung das höchste
Machtpotential und nimmt an der Mitarbeiterbefragung aufgrund der ge-
ringen Ausprägung von Darwinismus ohne Angst vor fehlender Anonymität und vor Sanktionen teil. Er versucht aufgrund der hohen Ausprägung des Opportunismus seine eigenen Interessen mit der Mitarbeiterbefragung durchzusetzen, was zu verzerrten Antworten aufgrund von

Kosten-Nutzen-Überlegungen führt und die Ergebnisse der Mitarbeiterbefragung nachteilig beeinflusst.

Führungskräfte nehmen hier eine konträre Machtposition ein, sie können Ängste in Form von Leistungs- und Versagensängsten entwickeln. Diese Ängste entstehen bei den Führungskräften, da die Mitarbeiter von ihnen unrealistische und übertriebene Umsetzungsmaßnahmen einfordern könnten, mit denen die Führungskräfte überfordert wären. Erfahren Führungskräfte darüber hinaus negative Bewertungen durch die opportunistischen Mitarbeiter, wird ihr Selbstwert bedroht und es kommt möglicherweise zu Leistungs- beziehungsweise Versagensängsten, da in diesem Moment ihre eigene berufliche Leistung beurteilt wird. Nach sozialpsychologischen Selbsttheorien entwickeln Menschen ihr Selbstbild unter anderem durch die Aufnahme von Fremdbewertungen sowie den Vergleich mit anderen Menschen und sie erhöhen ihren Selbstwert durch positive Reaktionen anderer Personen.[100]

Da der gering-darwinistische Charakter dieser Matrix-Ausprägung den Mitarbeitern Arbeitsplatzsicherheit zugesteht, fürchten sich diese nicht vor Sanktionen, etwa in Form einer Kündigung. Bei der Unternehmensleitung entstehen somit ebenfalls Leistungs- und Versagensängste aufgrund der Befürchtung, die von den Mitarbeitern geforderten Veränderungen nach einer Mitarbeiterbefragung nicht bewältigen zu können. Existenzängste auf Seiten der Unternehmensleitung könnten außerdem entstehen, wenn befürchtet wird, die Mitarbeiter nutzten ihre Machtposition dazu, eine ungeliebte und als unqualifiziert eingestufte Unternehmensleitung zum Abdanken zu bewegen.

Feudalismus

Mitarbeiter werden in dieser Ausprägung aufgrund einer starken Machtposition seitens der Führungskräfte und der Unternehmensleitung sowie dem hoch ausgeprägten Darwinismus mit mehr Ängsten auf eine Mitarbeiterbefragung reagieren, als in den vorherigen Ausprägungen. Im *Feudalismus* wird auf die Belange der Mitarbeiter keine Rücksicht genommen und sie empfinden generelle Unsicherheit über ihren Arbeitsplatz. Führungskräfte besitzen in diesem psychologischen Kontrakt große Macht über die Mitarbeiter, da sie negative Antworten sanktionieren können, wobei sie den Mitarbeitern schlimmstenfalls deren existenzielle Lebensgrundlage nehmen können. In Situationen, in denen sich eine Person in Abhängigkeit einer mächtigeren Person oder Gruppe befindet, kann das subjektive Empfinden verringerter Anonymität zu sozial erwünschten Antworten führen.[101] Mit einer solchen Antwortverzerrung versuchen die Mitarbeiter den Sanktionen entgegenzuwirken.

Darüber hinaus werden beim Mitarbeiter soziale Ängste durch die Führungskraft ausgelöst, wenn diese ihn wegen kritischen Antworten mit nachteiliger Behandlung „bestraft". Besonders ausgeprägt sind hier Leistungs- und Versagensängste, da ein „interne[r] Wettbewerbsdruck zwischen den Mitarbeitern"[102] gefördert wird. Die Mitarbeiter haben Angst davor, dass sie aufgrund von Restrukturierungen nach einer Mitarbeiterbefragung eine neue, für sie nicht erfüllbare Stelle, zugewiesen bekommen oder gar um diese mit Kollegen konkurrieren müssen.

Abbildung 4: Angstkonstellationen in der Darwiportunismus-Matrix

Darwiportunismus pur

Sowohl Unternehmen als auch Mitarbeiter wollen ihre Interessen durchsetzen, brauchen sich dafür allerdings gegenseitig. Mitarbeiter, Führungskräfte und Unternehmensleitung haben demnach alle eine starke Machtposition, wissen aber auch um die Machtposition der anderen Parteien. Die Mitarbeiter verfolgen mit der Mitarbeiterbefragung vornehmlich ihre eigenen Interessen und erkennen somit auch die Wichtigkeit der Befragung für ihre Belange. Den Führungskräften und der Unternehmensleitung ist ebenfalls bewusst, dass sie auf die Mitarbeiter zur Erreichung ihrer Ziele angewiesen sind und sie werden somit auch auf negatives Feedback der Mitarbeiter nicht mit Sanktionen reagieren, sondern dies als Chance ansehen. Da beiden Parteien bewusst ist, dass sich die jeweils andere Partei bei nicht kooperativem Verhalten trennt, wird von keiner Seite die Machtposition in der Weise ausgenutzt, dass Ängste gezielt erzeugt werden. Es wird vielmehr versucht Ängste zu vermeiden.

Einen zusammenfassenden Überblick über die möglichen Angstkonstellationen der Akteure in den einzelnen Feldern der Darwiportunismus-Matrix wird in Abbildung 4 gegeben.

Analog zu der Machtverteilung ist auch die Angst verteilt: In den Zellen *Kindergarten* und *Feudalismus* stark einseitig, in der *guten alten Zeit* kaum vorhanden und im *Darwiportunismus pur* zwar potenziell vorhanden aber durch die Pattsituation neutralisiert.

4.2.3 Angstwirkungen

Betrachtet man die Phasen einer Mitarbeiterbefragung wird deutlich, dass es von der Situation (Phase) und der Person (den Akteuren) abhängt, welche Auswirkungen Ängste haben.

Planungsphase

In dieser Phase treten Ängste bei der Unternehmensleitung und – falls diese an der Planung beteiligt ist – den Führungskräften auf, da nur diese an der Planung beteiligt sind.

Ängste auf Seiten der Unternehmensleitung und der Führungskräfte führen dazu, dass versucht wird, die Mitarbeiterbefragung gänzlich zu verhindern oder „im Sande verlaufen" zu lassen, um der bevorstehenden Arbeit aus dem Wege zu gehen und durch eine Befragung keine „schlafenden Hunde" zu wecken.[103] Auch die Fragenauswahl wird durch die Ängste dieser Akteure beeinflusst, um auf bestimmte Probleme nicht aufmerksam machen zu müssen.

Grundlage für die Befürchtung, durch die Befragung Probleme überhaupt erst entstehen zu lassen oder zu verstärken, kann die Theorie der objektiven Selbstaufmerksamkeit sein.[104] Die Aufmerksamkeit eines Individuums ist nach dieser Theorie überwiegend auf externe Ereignisse gerichtet, kann aber durch bestimmte Umweltreize (zum Beispiel Spiegel, Kameras, Befragung) auf die eigene Person konzentriert werden.[105] Ihm wird dabei oft eine Inkonsistenz zwischen seinen Idealvorstellungen und dem Ist-Zustand bewusst.[106] Bezogen auf Mitarbeiterbefragungen kann das die Konsequenz haben, dass den Mitarbeitern unbewusste Ansprüche an das betriebliche Umfeld beziehungsweise. eine geringe Befriedigung ihrer Ansprüche erst durch die Befragung bewusst werden und sie nun verstärkt eine Problemlösung fordern.[107]

Durchführungsphase

In dieser Phase treten Ängste bei den Mitarbeitern und den Führungskräften auf, da diese die Hauptakteure während der Durchführung sind.

Die Ängste auf Seiten der Mitarbeiter führen bei der Fragebogenbearbeitung dazu, dass es zu sozial erwünschten Antworten kommen kann, um möglichen Sanktionen vorzubeugen. Das Konzept des sozial erwünschten Antwortverhaltens geht davon aus, dass Befragte motiviert sind, sich positiv darzustellen und sich den sozialen Normen entsprechend zu verhalten. In Situationen, in denen sich eine Person in Abhängigkeit einer mächtigeren Person oder Gruppe befindet, kann das subjektive Empfinden verringerter Anonymität zu sozial erwünschten Antworten führen.[108]

Eine Theorie zur Erklärung des sozial erwünschten Antwortverhaltens ist das SIDE-Modell (Social-Identity-and-Deindividuation-Effects-Modell). Dieses Modell besteht aus einer kognitiven und einer strategischen Komponente, wobei sich die kognitive Komponente darauf bezieht, ob sich der Befragte als Gruppenmitglied oder als Einzelindividuum wahrnimmt, und

die strategische Komponente auf die mögliche Identifizierbarkeit des Befragten durch die Eigen- oder Fremdgruppe abstellt.[109] Das Modell nimmt
an, dass vom Befragten jegliches Verhalten unterlassen wird, welches
Sanktionen auslösen kann, wenn von ihm eine größere Identifizierbarkeit (fehlende Anonymität) angenommen wird und eine mächtige Outgroup (zum Beispiel Vorgesetzte) Sanktionen über ihn verhängen
kann.[110] Gerade im Rahmen einer Mitarbeiterbefragung steht dem Befragten eine mächtige Outgroup in Form seiner Vorgesetzten gegenüber
und er muss mit Sanktionen rechnen, da Mitarbeiter in Lohnarbeit immer in einem sozialen Abhängigkeitsverhältnis zu ihrem Arbeitgeber
und somit auch zu dessen Vertretern stehen.

Neben sozial erwünschten Antworten, kann die Angst die Leistungsfähigkeit beeinträchtigen. Die Beziehung zwischen Angst und Leistung ist
eher negativ und besonders die kognitive Komponente der Angst steht
mit der Leistung in Zusammenhang.[111] Emotionen und Kognitionen sind
im Leistungskontext eng miteinander verbunden.[112] Angst verbraucht
kognitive Ressourcen und beeinträchtig somit gerade im Lern- und Leistungskontext die Leistungsfähigkeit negativ.[113] Ist ein Individuum während einer Leistungssituation durch Reize, die nicht der Aufgabenbewäl-
tigung dienen (zum Beispiel Angst), abgelenkt, kommt es zu einer Tei-
lung der kognitiven Aktivität und somit zu einer Verschlechterung der
Leistung.[114]

Auf Seiten der Führungskräfte führen Ängste dazu, dass sie während der
Durchführung versuchen die befragten Mitarbeiter in direkter oder sub-
tiler Weise zu positiven Antworten zu bewegen.[115] In diesem Zusammenhang kann es auch dazu kommen, dass Führungskräfte gezielt ausge-
füllte Fragebögen „verschwinden lassen", um nur positive Ergebnisse bei
der Unternehmensleitung ankommen zu lassen oder Ergebnisse beschö-
nigt präsentiert werden.[116]

Nachbereitungsphase

In dieser Phase treten Ängste bei allen Akteuren auf, da die Unternehmensleitung und die Führungskräfte Hauptakteure dieser Phase sind und
Mitarbeiter Reaktionen auf ihre Antworten erwarten.

Die Unternehmensleitung und Führungskräfte werden durch die Angst veranlasst, der Befragung keine Veränderungen folgen zu lassen, um die Arbeit zu meiden oder sich vor Veränderungen „zu drücken". Sie leiten somit keine Maßnahmen aus den Ergebnissen ab, setzten diese nicht um und kommunizieren die Ergebnisse gar nicht oder nur unzureichend. Die Mitarbeiter betreffend wirkt die während der Befragung entstandene Angst auch nach der Befragung weiter und kann auch in der Zukunft die Leistungsfähigkeit beeinträchtigen.

Quellennachweis

[71] vgl. *French, John R. P. Jr./Raven, Bertram H.*, The Bases of Social Power, in: *Ashman, Ira G./Vance Asherman, Sandra* (Hrsg.), The Negotiation Sourcebook, Amherst/Maine (HRD Press) 2011, 61-72, hier: 63.

[72] *Mintzberg, Henry*, Power in and around Organizations, Englewood Cliffs (Prentice Hall) 1983, 4.

[73] vgl. *Mintzberg, Henry*, Power in and around Organizations, Englewood Cliffs (Prentice Hall) 1983, 4.

[74] vgl. *Emerson, Richard M.*, Power-Dependence Relations, in: American Sociological Review 27 (1/1962), 31-41, hier: 32.

[75] vgl. *Emerson, Richard M.*, Power-Dependence Relations, in: American Sociological Review, 27 (1/1962), 31-41, hier: 32.

[76] vgl. *French, John R. P., Jr./Raven, Bertram H.*, The Bases of Social Power, in: *Ashman, Ira G./Vance Asherman, Sandra* (Hrsg.), The Negotiation Sourcebook, Amherst/Maine (HRD Press) 2011, 61-72, hier: 61-62.

[77] vgl. *French, John R. P. Jr./Raven, Bertram H.*, The Bases of Social Power, in: *Ashman, Ira G./Vance Asherman, Sandra* (Hrsg.), The Negotiation Sourcebook, Amherst/Maine (HRD Press) 2011, 61-72.

[78] *Hackfort, Dieter/Schwenkmezger, Peter*, Angst und Angstkontrolle im Sport, Köln (bps-Verlag) 2. Aufl. 1985, 19.

[79] vgl. *Urban, Fabian York*, Emotionen und Führung, Wiesbaden (Gabler) 2008, 62.

[80] vgl. *Brehm, Marion*, Emotionen in der Arbeitswelt, in: Arbeit 10 (2001), 209-210.

[81] vgl. *Linden, Michael/Muschalla, Beate*, Arbeitsplatzbezogene Ängste und Arbeitsplatzphobien, in: Der Nervenarzt 87 (2007), 39-44, hier: 39.

[82] vgl. *Linden, Michael/Muschalla, Beate*, Arbeitsplatzbezogene Ängste und Arbeitsplatzphobien, in: Der Nervenarzt 87 (2007), 39-44, hier: 40.

[83] vgl. *Schwarzer, Ralf*, Streß, Angst und Hilflosigkeit, Stuttgart etc. (Kohlhammer) 1981, 92.

[84] vgl. *Brehm, Marion*, Emotionen in der Arbeitswelt, in: Arbeit 10 (2001), 205-218, hier: 210.

[85] vgl. *Brehm, Marion*, Emotionen in der Arbeitswelt, in: Arbeit 10 (2001), 205-218, hier: 210.

[86] vgl. *Linden, Michael/Muschalla, Beate*, Arbeitsplatzbezogene Ängste und Arbeitsplatzphobien, in: Der Nervenarzt 87 (2007), 39-44, hier: 40.

[87] vgl. *Brehm, Marion*, Emotionen in der Arbeitswelt, in: Arbeit 10 (2001), 205-218, hier: 210.

[88] vgl. *Brehm, Marion*, Emotionen in der Arbeitswelt, in: Arbeit 10 (2001), 205-218, hier: 210.

[89] vgl. *Brehm, Marion*, Emotionen in der Arbeitswelt, in: Arbeit 10 (2001), 205-218, hier: 210.

[90] vgl. *Linden, Michael/Muschalla, Beate*, Arbeitsplatzbezogene Ängste und Arbeitsplatzphobien, in: Der Nervenarzt 87 (2007), 39-44, hier: 39.

[91] vgl. *Brehm, Marion*, Emotionen in der Arbeitswelt, in: Arbeit 10 (2001), 205-218, hier: 210.

[92] vgl. *Brehm, Marion*, Emotionen in der Arbeitswelt, in: Arbeit 10 (2001), 205-218, hier: 210.

[93] vgl. *Linden, Michael/Muschalla, Beate/Olbrich, Dieter*, Die Job-Angst-Skala (JAS). Ein Fragebogen zur Erfassung arbeitsplatzbezogener Ängste, in: Zeitschrift für Arbeits- und Organisationspsychologie 52 (2008), 126-134, hier: 131.

[94] vgl. *Frenzel, Anne C./Gotz, Thomas/Pekrun, Reinhard*, Emotionen, in: *Wild, Elke/Möller, Jens* (Hrsg.), Pädagogische Psychologie, Heidelberg (Springer) 2009, 205-232, hier: 208.

[95] vgl. *Frenzel, Anne C./Gotz, Thomas/Pekrun, Reinhard*, Emotionen, in: *Wild, Elke/Möller, Jens* (Hrsg.), Pädagogische Psychologie, Heidelberg (Springer Medizin Verlag) 2009, 205-232, hier: 208.

[96] vgl. *Linden, Michael/Muschalla, Beate*, Arbeitsplatzbezogene Ängste und Arbeitsplatzphobien, in: Der Nervenarzt 87 (2007), 39-44, hier: 41.

[97] vgl. *Scholz, Christian*, Spieler ohne Stammplatzgarantie, Weinheim (Wiley-VCH) 2003, 90.

[98] vgl. *Linden, Michael/Muschalla, Beate*, Arbeitsplatzbezogene Ängste und Arbeitsplatzphobien, in: Der Nervenarzt 87 (2007), 39-44, hier: 40.

[99] vgl. *Scholz, Christian*, Spieler ohne Stammplatzgarantie, Weinheim (Wiley-VCH) 2003, 90.

[100] vgl. *Jöns, Ingela*, Feedbackprozesse in Organisationen: Psychologische Grundmodelle und Forschungsbefunde, in: Mannheimer Beiträge zur Wirtschafts- und Organisationspsychologie 20 (2/2005), 14-21, hier: 15.

[101] vgl. *Reips, Ulf-Dietrich/Franek, Lenka*, Mitarbeiterbefragungen per Internet oder Papier? Der Einfluss von Anonymität, Freiwilligkeit und Alter auf das Antwortverhalten, in: Wirtschaftspsychologie (1/2004), 68.

[102] vgl. *Scholz, Christian*, Spieler ohne Stammplatzgarantie, Weinheim (Wiley-VCH) 2003, 91.

[103] vgl. *Domsch, Michel E./Ladwig, Désirée H.*, Mitarbeiterbefragungen – Stand und Entwicklung, in: *Domsch, Michel E./Ladwig, Désirée H.* (Hrsg.), Handbuch Mitarbeiterbefragung, Berlin – Heidelberg (Springer) 2. Aufl. 2006, 3-24, hier: 17.

[104] vgl. *Fischer, Lorenz*, Die stillschweigenden innerbetrieblichen Voraussetzungen von Mitarbeiterbefragungen und ihre Konsequenzen für die Analyse der Arbeitszufriedenheit, in: *Fischer, Lorenz* (Hrsg.), Arbeitszufriedenheit, Stuttgart (VAP) 1991, 179-197, hier: 183.

[105] vgl. *Duval, Shelley/Wicklund, Robert A.*, A Theory of Objective Self Awareness, New York – London (Academic Press) 1972, 7.

[106] vgl. *Frey, Dieter/Greif, Siegfried*, Sozialpsychologie, Weinheim (Psychologie Verlags Union) 4. Aufl. 1997, 293.

[107] vgl. *Fischer, Lorenz*, Die stillschweigenden innerbetrieblichen Voraussetzungen von Mitarbeiterbefragungen und ihre Konsequenzen für die Analyse der Arbeitszufriedenheit, in: *Fischer, Lorenz* (Hrsg.), Arbeitszufriedenheit, Stuttgart (VAP) 1991, 179-197, hier: 183-184.

[108] vgl. *Reips, Ulf-Dietrich/Franek, Lenka*, Mitarbeiterbefragungen per Internet oder Papier? Der Einfluss von Anonymität, Freiwilligkeit und Alter auf das Antwortverhalten, in: Wirtschaftspsychologie (1/2004), 67-83, hier: 68.

[109] vgl. *Chudziak, Nina/Maus, Daniel*, Einfluss der Anonymitätswahrnehmung auf das Antwortverhalten in Online-Mitarbeiterbefragungen im interkulturellen Vergleich, in: Mannheimer Beiträge zur Wirtschafts- und Organisationspsychologie 25 (1/2008), 3-10, hier 4-5.

[110] vgl. *Reips, Ulf-Dietrich/Franek, Lenka*, Mitarbeiterbefragungen per Internet oder Papier? Der Einfluss von Anonymität, Freiwilligkeit und Alter auf das Antwortverhalten, in: Wirtschaftspsychologie (1/2004), 67-83, hier: 68.

[111] vgl. *Schiedek, Steffen*, Angst und Leistung im Rahmen der Katastrophentheorie, Diss. Göttingen 2003, 47.

[112] vgl. *Frenzel, Anne C./Gotz, Thomas/Pekrun, Reinhard*, Emotionen, in: *Wild, Elke/Möller, Jens* (Hrsg.), Pädagogische Psychologie, Heidelberg (Springer Medizin) 2009, 205-232, hier: 216.

[113] vgl. *Frenzel, Anne C./Gotz, Thomas/Pekrun, Reinhard,* Emotionen, in: *Wild, Elke/Möller, Jens* (Hrsg.), Pädagogische Psychologie, Heidelberg (Springer Medizin) 2009, 205-232, hier: 225.

[114] vgl. *Graebe, Sigrid,* Angst und Leistung, Frankfurt a.M. etc. (Lang) 1992, 6.

[115] vgl. *Trost, Armin,* Das Antwortverhalten befragter Mitarbeiter – eine kognitionspsychologische Perspektive, in: Mannheimer Beiträge zur Wirtschafts- und Organisationspsychologie 1 (1/1997), 38-57, hier: 46.

[116] vgl. *Bungard, Walter,* Mitarbeiterbefragungen, in: Mannheimer Beiträge zur Wirtschafts- und Organisationspsychologie 13 (1/2002), 3-8, hier: 6.

5 Planung & Durchführung – How do you do?: ...

Nachdem zuvor Basiskonzepte beschrieben wurden, die der Mitarbeiterbefragung zugrunde liegen, stehen nun Aspekte im Vordergrund, die sich auf die operative Umsetzung beziehen: So etwa Fragen der rechtlichen Seite, aber auch Personenkreis, -anzahl, Dauer und Häufigkeit der Befragung sowie die Gestaltung des Fragebogens.

5.1 Rechtliche Rahmenbedingungen

In Deutschland sind bei der Durchführung von Befragungen einige rechtliche Aspekte zu beachten, insbesondere sobald personenbezogene Daten erhoben werden. Um der Mitarbeiterbefragung keine rechtlichen Steine in den Weg zu legen, gilt es den Datenschutz zu beachten, die Mitbestimmungsrechte des Betriebsrats zu berücksichtigen sowie Diskriminierung zu vermeiden.

5.1.1 Datenschutz[*]

Datenschutz gehört auf die Agenda eines jeden Befragenden, den hier handelt es sich in den meisten Fällen um gesetzliche Vorschriften und Verbote, die in jedem Fall eingehalten und daher auch gekannt werden müssen.

5.1.1.1 Warum ist Datenschutz relevant?

Im Zuge einer Mitarbeiterbefragung sollte der Fokus der Befragenden auf der Wahrung der Anonymität der Befragten liegen – und das aus gutem Grund. Denn die Angst vor negativen Folgen und Nachteilen für die Mitarbeiter spiegelt sich in „geschönten" Antworten in einer Mitarbeiterbefragung wider. Der Gedanke, die Befragung führe zu Sanktionen,

---

[*] Susanne Weigel

bringt diese dazu, die Fragen „sozial erwünscht" zu beantworten. Auch fühlen sich Mitarbeiter schnell unter Druck gesetzt, wenn sie im Fragebogen Angaben zur eigenen Person machen sollen. Und das, auch ohne zu wissen, ob sie anhand dieser Angaben identifiziert werden können und die Führungskräfte oder die Unternehmensleitung Konsequenzen daraus ziehen, die für den Mitarbeiter weniger erfreulich sind. Hier können ebenfalls die Auswirkungen der möglichen Macht der Vorgesetzten gegenüber den Arbeitnehmern eine Rolle spielen.

Da aber gerade ehrliche Antworten Grundlage einer erfolgreichen Durchführung einer Mitarbeiterbefragung sind, ist hier der Datenschutz von besonderer Relevanz. Er regelt die Anonymisierung der Daten in der Art, dass nicht nachvollzogen werden kann, wer welche Aussage getroffen hat und so eine Verhängung von Sanktionen gegen einzelne Mitarbeiter nicht ermöglichen.

Hinzu kommen die gesetzlichen Regelungen zum Datenschutz, die von Unternehmen unbedingt beigehalten werden müssen, da sie verbindlich sind.

Welche Aspekte des Datenschutzes grundsätzlich beachtet werden müssen um eine rechtlich zulässige Befragung durchführen zu können und welche Maßnahmen sich daraus ergeben wird im Folgenden erläutert.

5.1.1.2 Welche Aspekte des Datenschutzes sind bei einer Mitarbeiterbefragung zu beachten?

Um eine Befragung durchführen zu können, die sich auf rechtliche Akzeptanz stützt, müssen einige grundlegende Definitionen und Bestimmungen beachtet werden.

Das Recht des Arbeitgebers auf Erwerb von Informationen von den Arbeitnehmern ist auf individueller Ebene durch das Datenschutzrecht begrenzt.[117] Das Datenschutzrecht befasst sich mit der Sicherung der schutzwürdigen persönlichen Daten vor missbräuchlichem Erheben (§ 3 Abs. 3 BDSG), Verarbeiten (§ 3 Abs. 4 BDSG) und Nutzen (§ 3 Abs. 5 BDSG) und dem daraus resultierenden Eindringen in die Privatsphäre und einem Einschnitt in andere Rechte einer Person.[118]

Die *zu schützenden personenbezogenen Daten* sind laut § 3 Abs. 1 BDSG definiert als: Einzelangaben über persönliche oder sachliche Verhältnisse einer bestimmten oder bestimmbaren natürlichen Person (Betroffener).

Dazu gehören unter anderem die Angabe des Namens oder der Arbeitsstätte, grundsätzlich also alle Angaben, die Personen beschreiben und kennzeichnen.[119] Personenbezogene Daten können des Weiteren in zwei Ausprägungen untergliedert werden, in unmittelbar personenbezogene Daten, dabei handelt es sich um Angaben, die einer Person direkt zugeordnet werden können, und personenbeziehbare Daten. Hier können die Daten erst durch zusätzliches Wissen einer Person direkt zugewiesen werden.[120]

Im deutschen Bundesdatenschutzgesetz gilt zudem grundsätzlich ein Verbot mit Erlaubnisvorbehalt. Das bedeutet die Datenerhebung, Datenverarbeitung sowie die Datennutzung sind verboten, sofern dies nicht ausnahmsweise erlaubt wurde. Eine Erlaubnis kann nach § 4 Abs. 1 BDSG nur durch eine Rechtsvorschrift, das Bundesdatenschutzgesetz oder die ausdrückliche Einwilligung des Mitarbeiters erfolgen.[121] Eine Einwilligung ist nach § 4a Abs. 1 Satz 1 BDSG „nur wirksam, wenn sie auf der freien Entscheidung des Betroffenen beruht". Das bedeutet, der Mitarbeiter darf zu keiner Abgabe der Einwilligung gezwungen werden. Des Weiteren muss die Einwilligung nach § 4a Abs. 1 Satz 3 BDSG in schriftlicher Form vorliegen, „soweit nicht wegen besonderer Umstände eine andere Form angemessen ist". Dies wäre der Fall, wenn die Einwilligung konkludent, also aus dem Verhalten schließbar, erfolgt.[122]

Verantwortlich für die Einhaltung der datenschutzrechtlichen Vorschriften sind bei Mitarbeiterbefragungen der (betriebliche) Datenschutzbeauftragte und der Betriebsrat. Zum Tätigkeitsbereich des Datenschutzbeauftragten gehören unter anderem die Aufsicht zur Einhaltung der Bestimmungen des Datenschutzes und die Ausbildung beziehungsweise die Instruktion des datenverarbeitenden Personals. Er fungiert ebenso als Bezugsperson der Mitarbeiter, die Fragen zum Thema Datenschutz haben oder sich Sorgen über die Verarbeitung ihrer personenbezogenen Daten machen.[123] Für die Erfüllung seiner Aufgaben ist er möglichst frühzeitig vor der Erhebung von Daten zu bestellen und zu informieren, außerdem sollte er gemäß § 4f Abs. 5 BDSG durch technische Ausrüstung und Personal unterstützt werden.[124]

Nach § 80 Abs. 1 Nr. 1 BetrVG ist der Betriebsrat dazu angehalten „darüber zu wachen, dass die zugunsten der Arbeitnehmer geltenden Gesetze" befolgt werden und zwar unabhängig davon, ob ein Datenschutzbeauftragter existiert oder nicht. Im Falle einer Bestellung eines solchen wird der Betriebsrat nicht von seiner Verantwortung entbunden. Zu den einzuhaltenden Gesetzen gehört ebenfalls das Datenschutzgesetz, das die Sicherung der Privatsphäre oder das Recht auf informationelle Selbstbestimmung jedes Mitarbeiters sichert.[125] Zu diesem Zweck hat der Betriebsrat auch selbst durch die ihm zur Verfügung stehenden Mittel, etwa eine Betriebsvereinbarung, eigene datenschutzrechtliche Bestimmungen zu erzeugen.[126] Um seine Pflichten als verantwortliches Kontrollorgan erfüllen zu können, muss der Betriebsrat nach § 80 Abs. 2 Satz 1 BetrVG „rechtzeitig und umfassend" informiert werden. Keine Auswirkung auf das Recht und die Pflicht zur Überwachung durch den Betriebsrat hat die Verarbeitung der Daten durch einen externen Dienstleister. Im entsprechenden Falle muss sichergestellt werden, dass der Betriebsrat über die Verarbeitungsschritte informiert wird und diese überwachen kann.[127]

5.1.1.3 Datenschutzprinzipien in Bezug auf eine Mitarbeiterbefragung

Zusätzlich zu diesen allgemeinen rechtlichen Bedingungen sollten bei jeder Mitarbeiterbefragung drei Prinzipien zur Sicherung des Datenschutzes befolgt werden, die im Folgenden näher beschrieben werden.

Das Prinzip der Anonymität

Als wichtigstes Prinzip im Hinblick auf den Datenschutz besagt das Prinzip der Anonymität, dass die Daten bei Mitarbeiterbefragungen grundsätzlich anonym erhoben werden.

> *Anonym* oder *Anonymisierung* bedeutet nach § 3 Abs. 6 BDSG, dass keine Zuordnung, weder direkt noch unter Zuhilfenahme von zusätzlichem Wissen, auf die betreffende Person kann erfolgen.

Es ergibt sich im Fall von anonymen Antworten keine Veranlassung zur Beachtung des Datenschutzgesetzes. So kann auch Mehraufwand, der sich aus der Anwendung des Datenschutzrechtes ergeben könnte, vorgebeugt werden.[128] Dem Prinzip der Anonymität kommt auch deshalb besondere Bedeutung zu, da viele Mitarbeiter Bedenken haben, ohne die Gewährleistung der Anonymität durch die Beantwortung der Mitarbeiterbefragung in eine nachteilige Lage zu geraten. Daher ist wie bereits erwähnt die Wahrscheinlichkeit einer ehrlichen, ungeschönten Antwort bei anonymen Befragungen höher als bei fehlender Anonymität.[129]

Prinzip der Freiwilligkeit

Ebenfalls sehr wichtig bei einer Mitarbeiterbefragung ist die Einhaltung des Prinzips der Freiwilligkeit. Dieses besagt, dass kein Mitarbeiter gezwungen werden darf, an der Befragung teilzunehmen. Niemand darf bei Teilnahme eine Begünstigung, bei Nicht-Teilnahme einen Schaden oder einen Rückstand erfahren.[130] Das Prinzip der Freiwilligkeit knüpft an das Recht auf informationelle Selbstbestimmung an, das bedeutet jeder Mitarbeiter darf selbst entscheiden, ob er eine Antwort gibt oder nicht. Dabei muss er auch nicht alle Fragen beantworten, sondern kann Fragen, die ihm eventuell unangenehm scheinen, auslassen.[131] Die Freiwilligkeit sollte stets ausdrücklich betont und das Prinzip konsequent verfolgt werden, da eine Teilnahme unter Druck zu verfälschten Ergebnissen führen kann.[132]

Prinzip der Transparenz

Ebenso wie das Prinzip der Anonymität gilt das Prinzip der Transparenz, nicht nur während der eigentlichen Durchführung der Befragung, sondern auch bei der Erhebung der Daten und bei der Information über die Endergebnisse. Alle Tätigkeiten vor, während und nach der Befragung sollten den teilnehmenden Mitarbeitern verständlich gemacht werden, denn nur durch die Transparenz der Aktionen kann Ablehnung oder Furcht vor negativen Folgen entgegengewirkt werden.[133] Die Transparenz der Aktivitäten ist somit wesentlicher Motivationspunkt der Mitarbeiter zur Teilnahme an der Befragung.[134] Denn erst wenn der potenzielle Befragungsteilnehmer genau weiß, wie und zu welchem Zweck seine Daten verarbeitet werden sollen, kann er sein Recht auf informationelle

Selbstbestimmung korrekt ausüben und genauer abwägen, ob er seine Daten weitergibt.[135]

5.1.1.4 Welche Maßnahmen zum Datenschutz bei einer Befragung können ergriffen werden?

Entsprechend der zuvor schon vorgestellten Phasen der Mitarbeiterbefragung soll nun herausgestellt werden, welche Maßnahmen zum Datenschutz in welcher Phase ergriffen werden können beziehungsweise müssen.

Maßnahmen vor der Befragung

Nach § 4a Abs. 1 Satz 2 BDSG müssen die Mitarbeiter vor der Befragung informiert werden, dass ihre Daten erhoben werden sollen, und bestenfalls gleichzeitig auch, wer beteiligt ist und was mit den Daten geschehen soll. Vorbehalte und Widerstände, die aus der Furcht vor einer nicht anonymen Befragung und des daraus folgenden Rückschlusses auf die eigene Person resultieren, können durch eine vorherige Information der Mitarbeiter verringert werden.[136] Durch die vorherige Vorstellung der Maßnahmen zur Befragung können ebenfalls gleichzeitig offene Fragen geklärt und den Arbeitnehmern die Wichtigkeit der Mitarbeiterbefragung klar gemacht werden.[137] Diese Aufklärung, zu denen durchaus die Datenschutzverantwortlichen hinzugezogen werden können, ist unabdingbar für den Erfolg der Befragung.[138] Es sollte ebenfalls klargestellt werden, dass in der Befragung nur Fragen zur Arbeitssituation gestellt werden, jedoch keine privater Natur. Außerdem muss die Geschäftsleitung, oder in ihrem Auftrag der Datenschutzverantwortliche, zusichern, dass die Gesetze und Rechtsvorschriften des Datenschutzes in jeder Phase befolgt werden und keine unbefugten Personen im Unternehmen einzelne Fragebögen sehen, sondern nur die zusammengelegten Endergebnisse.

Bei der Aufklärung muss allerdings auch beachtet werden, dass übertriebenes Eingehen auf jede Besonderheit der Befragung und ein zu überschwängliches Zusichern der Anonymität eher das Gegenteil des Gewollten induziert, da die Mitarbeiter skeptisch werden, warum die Sicherung der Anonymität so oft erwähnt wird.[139]

Maßnahmen während der Befragung

Beliebt ist die Frage nach demografischen Daten, etwa Geschlecht oder Alter. Durch diese Angaben sollen die Ergebnisse besser interpretierbar gemacht und aufgeschlüsselt werden.[140] Da jedoch gerade dieser Frage-Typ große datenschutzrechtliche Bedenken aufwirft[141], sollte gründlich überlegt werden, welche Merkmale unbedingt zur Auswertung der Angaben benötigt werden und es sollten auch nur diese schließlich abgefragt werden.[142] Demographische Angaben zur Person sind aus datenschutzrechtlicher Sicht zulässig, da sie zu statistischen Analysen genutzt werden, die gemäß des Datenschutzgesetztes erlaubt sind. Allerdings muss sich der Zweck der statistischen Auswertung in § 28 BDSG wiederfinden.[143] Grundsätzlich sollten aber alle Angaben, auch die persönlichen Merkmale, aus datenschutzrechtlicher Sicht anonymisiert erhoben werden. Demografische Merkmale sollten möglichst am Ende des Fragebogens und in so geringem Ausmaß wie möglich abgefragt werden. In der Regel werden nur drei unbedingt benötigt, etwa die Abteilung, die Zeit der Zugehörigkeit und bei speziellen Auswertungen eventuell noch der hierarchische Stand im Unternehmen. Auf keinen Fall sollte nach dem Namen des Mitarbeiters gefragt werden.[144]

Bei den schriftlichen Befragungen ergeben sich verschiedene Maßnahmen je nach Art der Befragung. Bei der *Wahllokalmethode* beispielsweise treffen sich die Mitarbeiter in einer dafür vorgesehenen Räumlichkeit im Unternehmen und bekommen, ähnlich einer Wahl, einen Fragebogen ausgehändigt, den sie ausfüllen und dann in einer verschlossenen Urne wieder abgeben. Im Idealfall erhält der Mitarbeiter vorab ein schon mit den erforderlichen demographischen Merkmalen ausgefülltes Etikett, das ihn als zur Teilnahme berechtigt ausweist. Ein mögliches Abhaken der bereits eingereichten Fragebögen nach dem Namen des Mitarbeiters wirft allerdings Bedenken was das Einhalten der Prinzipien der Freiwilligkeit und Anonymität angeht auf. Es entsteht möglicherweise die Vorstellung einer erzwungenen Teilnahme, da jederzeit nachvollzogen werden kann, wer bereits an der Befragung teilgenommen hat und wer nicht. Es sollte also im Sinne der Anonymität und Freiwilligkeit auf das Streichen in der Teilnehmerliste verzichtet werden. Alternativ zur Abgabe in einer Urne, können die Mitarbeiter auch ihre Fragebögen in versiegelten Umschlägen beim Betriebsrat abgeben.[145] Die abgegebenen Umschläge sollten dann verschlossen an einen externen Dienstleister weitergeleitet werden, erst dort werden sie geöffnet und die Daten ausgewertet. Das hat den Vorteil, dass die Daten nicht im Unternehmen direkt verarbeitet werden und so die Anonymität der Mitarbeiter gesichert bleibt.[146]

Die Möglichkeit die Befragung *postalisch* durchzuführen besteht ebenfalls, dabei erhält der zur Teilnahme berechtigte Mitarbeiter einen Fragebogen inklusive demografischer Etikette per Post an seine Heimatadresse oder per Hauspost an seinen Arbeitsplatz. Dieser schickt den ausgefüllten Fragebogen in einem beigelegten Umschlag zurück. So kann man zwar den Stand der Teilnahmequote nicht direkt erfassen, die Anonymität und Freiwilligkeit ist allerdings aus Sicht der Mitarbeiter besser gesichert.[147]

Mündliche Befragungen werden durch einen Interviewer durchgeführt. Dieser kann einzelne Personen oder auch eine Personengruppe befragen. Dazu erhält er in den meisten Fällen vorab eine Liste der Mitarbeiternamen. Dies darf allerdings nur zur besseren Übersicht dienen, nicht zur Auswertung der Ergebnisse.[148] Die mündliche Befragung ist die persönlichste Art der Befragung, was bei den zu befragenden Mitarbeitern Furcht vor nicht gewahrter Anonymität auslösen kann.[149] Um die Arbeitnehmer dennoch dazu zu bringen, ehrliche Antworten abzugeben, sollte man Interviewer eines externen Dienstleistungsunternehmens einbinden. So haben die Mitarbeiter weniger das Gefühl der fehlenden Anonymität und sind somit offener.[150] Es besteht ebenfalls die Möglichkeit die Angestellten nicht einzeln zu befragen, sondern mehrere in Gesprächsgruppen gleichzeitig zu interviewen, dabei muss beachtet werden, die Gruppen nicht zu klein zu fassen, um die Anonymität des Einzelnen zu wahren und keine Rückschlüsse auf bestimmte Mitarbeiter zu ermöglichen.[151]

Bei einer weiteren, moderneren Alternative, der *Online-Befragung*, gibt der Mitarbeiter die Antworten in einem eigens zu diesem Zweck angelegten virtuellen Fragebogen ein, dieser kann dabei sehr individuell gestaltet werden. So kann man beispielsweise abteilungsspezifische Fragen stellen, die nur für einen Bereich bedeutend sind.[152] Während bei der schriftlichen oder auch mündlichen Befragung die soziodemografischen Daten oft erst noch ausgefüllt werden müssen, hat man bei der Online-Befragung die Möglichkeit, die persönlichen Daten automatisch selbstständig eintragen zu lassen. Dabei sollte allerdings jeder zu befragende Mitarbeiter ein eigenes, zufallsgeneriertes Passwort per Post erhalten, um die Anonymität der personenbezogenen Daten zu gewährleisten. Mit diesem Passwort kann er sich dann zur Teilnahme am Fragebogen anmelden. Nach dem Ausfüllen des Fragebogens muss das Passwort direkt gesperrt werden, so ist nicht nur eine Fortschrittskontrolle möglich, sondern auch die Mehrfachteilnahme ausgeschlossen.[153]

Dienstleistungsinstitute, die für Unternehmen eine Mitarbeiterbefragung durchführen, sehen die Möglichkeit, die demografischen Daten direkt aus einer Datenbank in den Fragebogen einzuspielen, die sonst aber keinen Zugriff zulässt. Nach ihrer Aussage sei dies datenschutzrechtlich unbedenklich, da die persönlichen Daten durch eine SSL-Verschlüsselung und einer zugriffsgesicherten Datenbank gesichert seien. Dies muss allerdings kritisch betrachtet werden, da auf die Datenbanken zwar nur mit besonders hohem Aufwand zugegriffen werden kann, ein Zugriff aber nie zu 100% ausgeschlossen ist. Eine direkte Angabe der demografischen Daten durch den Mitarbeiter selbst ist zu bevorzugen, da er auf diese Weise eigenständig entscheiden kann, ob er seine Daten angibt oder nicht. Dem Prinzip der Freiwilligkeit wäre demnach genüge getan und eine konkludente Einwilligung des Betroffenen liegt ebenfalls vor.

Maßnahmen nach der Befragung

Auch nach der Befragung gilt der Datenschutz weiterhin, wenn die Ergebnisse ausgewertet und interpretiert werden. Angesichts der Menge an zu verarbeitenden Daten sollte hier auf technische Hilfe, wie Computer und Auswertungsprogramme, zurückgegriffen werden. Dabei hat dies nicht nur den Vorteil der schnelleren und genaueren Auswertung, sondern die auf jedem Fragebogen angegebenen persönlichen demografischen Daten können gleich zusammengefasst und damit praktisch anonymisiert übernommen werden.[154]

Zur weiteren Sicherung der Anonymität sollten die Daten in einem externen Institut zusammengetragen und ausgewertet werden.[155] Bei der Analyse der Antworten muss darauf geachtet werden, die individuellen Anmerkungen Einzelner bei freien Fragen zu standardisieren, sodass die Aussagen keinen Personen zugeordnet werden können.[156] Sollte eine Frage nicht von einer Mindestanzahl von Personen, in der Regel sechs bis acht, beantwortet worden sein, sollte aus Datenschutzgründen auch keine Analyse dieser Angaben erfolgen, da sonst die Gefahr bestünde, dass die Antworten den Personen zugeordnet werden.[157]

Die Anzahl der zusammenzufassenden Datensätze kann unterschiedlich festgesetzt werden. Es empfiehlt sich aber durchaus, die abgegebenen Fragebögen der jeweiligen Abteilungen gemeinsam auszuwerten. Die Anzahl der gemeinsam auszuwertenden Fragebögen sollte in jedem Fall variabel gestaltet werden.[158] Einerseits gibt es sicherlich kleinere Abteilungen, deren Einschätzung gerade wichtig erscheint, wie beispielsweise der Vorstand eines Unternehmens, die bei einer zu kleinen Zahl nicht beachtet würden. Legt man zu große Gruppen für die Analyse fest, kann es geschehen, dass die statistischen Auswertungen derart kumuliert sind, dass keine individuelle Analyse für einzelne Abteilungen mehr möglich ist und gegebenenfalls nur noch eine grobe Aussage für das gesamte Unternehmen getroffen werden kann.[159]

Ist die Analyse abgeschlossen und alle Mitarbeiter informiert, müssen die erhobenen Daten gelöscht werden, da auch nicht-personifizierte Daten nicht vor Missbrauch geschützt sind. Durch Zusatzwissen könnte die Zuordnung zu bestimmten oder bestimmbaren Personen möglich sein.[160]

5.1.2 Mitbestimmung[*]

Dem Betriebsrat werden durch das BetrVG gesetzliche Beteiligungsrechte gewährt, durch die er an der Gestaltung der Arbeits- und Wirtschaftsbedingungen im Betrieb teilhaben kann. Sie sind unterteilt in Mitwirkungs- und Mitbestimmungsrechte, wobei die Mitbestimmung die stärkste Form der Beteiligung darstellt. Bei ihnen kann der Arbeitgeber geplante Maßnahmen nicht ohne die Zustimmung des Betriebsrats umsetzen. Mitbestimmungsrechte werden allerdings nur bei Vorliegen spezieller Tatbestände, die im BetrVG verankert sind, tangiert.[161] Als Mitwirkungsrechte kommen Informations-, Anhörungs- und Beratungsrechte gegenüber dem Arbeitgeber in Betracht. Je nach gesetzlicher Bestimmung

---

[*] Okka Pundt

muss der Arbeitgeber, bevor er eine Entscheidung in dem jeweiligen Bereich trifft, den Betriebsrat entweder über seine Pläne in Kenntnis setzen, seine Meinung einholen oder sich mit dem Betriebsrat beraten. Die Entscheidung über den Sachverhalt trifft die Unternehmensleitung letztlich jedoch allein.[162] Zudem kann der Betriebsrat ein Initiativrecht besitzen, welches ihm ermöglicht, eigene Maßnahmen im Betrieb durchzuführen.

5.1.2.1 Informationsrecht

Das Informationsrecht ergibt sich aus den allgemeinen Aufgaben des Betriebsrats nach § 80 Abs. 2 BetrVG, der besagt, dass er vom Arbeitgeber zur Durchführung seiner gesetzlichen Aufgaben rechtzeitig und umfassend zu unterrichten ist.[163] Des Weiteren hat der Betriebsrat nach § 80 Abs. 1 Nr. 1 BetrVG einen Auskunftsanspruch bezüglich der personenbezogenen Daten, die in der Durchführungsphase der Mitarbeiterbefragung verarbeitet werden. Dabei ist in besonderem Maße darauf zu achten, dass die Bestimmungen des Datenschutzes eingehalten werden. Die Befolgung der Regelungen des BDSG wird sowohl vom Betriebsrat als auch von einem Datenschutzbeauftragten des Unternehmens überwacht.[164] Beide vollziehen diese Aufgabe autonom und nehmen eine gleichgestellte Position im Betrieb ein.[165] Auf diese Weise erfolgt eine Verdopplung der Kontrollmöglichkeiten bezüglich der Beachtung des Datenschutzes im Betrieb.[166]

5.1.2.2 Beratungsrecht

Beratungsrechte kommen insbesondere bei den Veränderungsprozessen in Betracht. Werden zum Beispiel Entwicklungs- oder Qualifizierungsmaßnahmen von Mitarbeitern geplant, muss der Arbeitgeber dem Betriebsrat nach § 97 Abs. 1 BetrVG Auskunft über seine Argumente für und gegen diese Veränderung erteilen und mit ihm mögliche Alternativen diskutieren.[167] Auch wenn Arbeitsverfahren und Arbeitsabläufe oder gar ganze Arbeitsplätze neu geplant werden, muss sich der Arbeitgeber nach § 90 Abs. 1 Nr. 3,4 BetrVG mit dem Betriebsrat beraten. Auch bei der Besetzung der Stellen, also bei der Personalplanung besteht nach § 92 Abs. 1 BetrVG Beratungsrecht.

5.1.2.3 Initiativrecht

Schließlich besitzt der Betriebsrat nach § 80 Abs.1 Nr. 2 BetrVG ein Initiativrecht gegenüber der Unternehmensleitung. Dieses ermöglicht ihm, eigenständig Maßnahmen zu beantragen, die zum Wohl des einzelnen Mitarbeiters, der Belegschaft oder des Betriebes durchgeführt werden.[168] Darüber hinaus sind in § 87 Abs. 1 BetrVG zahlreiche Bereiche genannt, in welchen der Betriebsrat Vorschläge machen kann, sofern keine gesetzlichen Regelungen vorliegen. Dementsprechend kann nicht nur die Unternehmensleitung Initiator einer Mitarbeiterbefragung sein, sondern auch der Betriebsrat, soweit er diese als notwendig erachtet. Auch in Bezug auf die Personalplanung besitzt der Betriebsrat nach § 92 Abs. 2 BetrVG Initiativrecht.

5.1.2.4 Mitbestimmung im engeren Sinne

Bei Vorliegen nachfolgend genannter Sachverhalte können auch Mitbestimmungsrechte des Betriebsrats tangiert sein. Im Fall der Mitbestimmung im engeren Sinne kann der Betriebsrat beeinflussen, ob die Mitarbeiterbefragung im Unternehmen überhaupt durchgeführt wird. Mangelt es seinerseits an Akzeptanz bezüglich der Befragung, kann er seine Zustimmung verweigern und auf diese Weise die gesamte Mitarbeiterbefragung zum Scheitern verurteilen. Folgende Mitbestimmungstatbestände sind für die Mitarbeiterbefragung relevant:

- Nach § 87 Abs. 1 Nr. 1 BetrVG hat der Betriebsrat Mitbestimmungsrecht bezüglich der betrieblichen Ordnung und des Verhaltens der Arbeitnehmer in dem Betrieb. Die Norm umfasst die Aufstellung von Verhaltensregeln an die sich die Mitarbeiter halten müssen, um sowohl die Zusammenarbeit als auch die betrieblichen Arbeitsabläufe möglichst einwandfrei zu gestalten.[169] Bei einer Mitarbeiterbefragung könnte daher das Mitbestimmungsrecht tangiert sein, sofern der Arbeitgeber zum Beispiel Anordnungen dahingehend getroffen hat, dass die Datenerhebung nach einem bestimmten Modell durchzuführen ist. Der Betriebsrat hätte hier das Recht, die Anordnungen mit zu gestalten.[170]

- Gemäß § 87 Abs. 1 Nr. 6 BetrVG liegt ein Mitbestimmungsrecht seitens des Betriebsrats vor, wenn die Datenerhebung mit Hilfe technischer Einrichtungen erfolgt, die dazu bestimmt sind, das Verhalten oder die Leistung einzelner Arbeitnehmer zu überwachen[171], wenn also Beobachtungen und Empfindungen der Beschäftigten mit Hilfe von EDV-Anlagen erfragt werden.[172] Entscheidend ist hierbei, dass anhand der gewonnenen Informationen Rückschlüsse auf die einzelnen Beschäftigten gezogen werden könnten und somit keine Anonymität bei der Befragung gewahrt ist.[173]

- Nach § 94 BetrVG liegt ein weiterer Mitbestimmungstatbestand vor, sobald es sich bei dem Fragebogen zur Durchführung der Mitarbeiterbefragung, um einen Personalfragebogen handelt.[174] „Ein Personalfragebogen ist [...] ein Formular, in dem personenbezogene Fragen nach einem bestimmten Schema zusammengestellt sind, die ein AN [Arbeitnehmer] oder ein Bewerber um einen Arbeitsplatz schriftlich beantworten soll, um dem AG [Arbeitgeber] Aufschluss über seine Person und Qualifikation zu geben."[175] Auch hier müssen sich die Informationen immer auf einen bestimmten Arbeitnehmer beziehen, damit Mitbestimmungsrechte vorliegen. Wenn der Arbeitgeber nicht erschließen kann, von welchem Mitarbeiter die Daten stammen, handelt es sich bei dem Formular nicht um einen Personalfragebogen und der Betriebsrat kann kein Mitbestimmungsrecht geltend machen.[176]

Ferner kommen auch bei anschließenden Veränderungsprozessen Mitbestimmungsrechte in Betracht, soweit sie in den vom BetrVG bestimmten Aufgabenbereich des Betriebsrats eingeordnet werden können. Er könnte beispielsweise gemäß § 91 S. 2 BetrVG Maßnahmen fordern, die belastende Veränderungen von Arbeitsbedingungen (Arbeitsplatzgestaltung, Arbeitsabläufe etc.) im Betrieb mildern oder nach § 87 Abs. 1 Nr. 8 BetrVG die Veränderung von betrieblichen Sozialeinrichtungen mitentscheiden. Spätestens zu diesem Zeitpunkt kann der Betriebsrat die erfolgreiche Durchführung der Mitarbeiterbefragung boykottieren, indem er eine Umsetzung der Folgemaßnahmen verhindert.

Die Literatur und die Rechtsprechung sind sich allerdings einig, dass eine Mitarbeiterbefragung grundsätzlich nicht mitbestimmungspflichtig ist und dem Betriebsrat lediglich Mitwirkungsrechte zustehen.[177] Somit kann im Normalfall ausgeschlossen werden, dass die in diesem Kapitel genannten Mitbestimmungstatbestände bei einer Mitarbeiterbefragung tangiert werden. Ausschließlich die Veränderungsmaßnahmen, die aus der Befragung resultieren, wird die Unternehmensleitung ohne eine Einigung mit dem Betriebsrat nicht umsetzen können. Es muss somit streng zwischen der gesetzlichen Mitbestimmung im engeren Sinne, bei welcher der Betriebsrat als Mitentscheider tätig wird, und dem aufgrund der oben genannten Mitwirkungsmöglichkeiten gängigen Praxisverständnis der Mitbestimmung unterschieden werden.

5.1.3 AGG[*]

Zu den rechtlichen Rahmenbedingungen gehört auch das Allgemeine Gleichbehandlungsgesetz, abgekürzt AGG.

> „Ziel des Gesetzes ist, Benachteiligungen aus Gründen der Rasse oder wegen der ethnischen Herkunft, des Geschlechts, der Religion oder Weltanschauung, einer Behinderung, des Alters oder sexuellen Identität zu verhindern oder zu beseitigen." (§ 1 AGG)

Das AGG findet unter anderem Anwendung bei Auswahlkriterien und Einstellungsbedingungen, Arbeitsbedingungen, Entlohnung, Entlassungen, Aus- und Weiterbildung und der Mitwirkung in einer Beschäftigten- oder Arbeitgebervereinigung. Davon betroffen sind sowohl Arbeitnehmer als auch Führungskräfte, da niemand benachteiligt werden darf, „unabhängig von Tätigkeitsfeld und beruflicher Position" (§ 2 Abs. 1 Nr. 1 AGG).

In Bezug auf eine Mitarbeiterbefragung, muss das AGG so angewandt werden, dass sie von allen Zielgruppen durchführbar ist und niemanden diskriminiert. Beim Fragebogen sollte also auch auf Personal mit Behinderungen oder anderen Beeinträchtigungen geachtet werden. Es könnte sein, dass für ältere Mitarbeiter etwa größere Schriftgröße nötig ist, damit diese an der Mitarbeiterbefragung teilnehmen können. Je nach Bedarf ist auch eine Mitarbeiterbefragung in Blindenschrift oder eine Mitarbeiterbefragung für Taubstumme anzufertigen. Solche Überlegungen sollten im Vorfeld gemacht werden, um allen Mitarbeitern die Teilnahme an der Mitarbeiterbefragung zu ermöglichen.

---

[*] Janine Bradfisch

Vor dem Hintergrund des immer öfter im Unternehmen vorzufindenden Diversity Managements muss die bisherige Praxis der Mitarbeiterbefragung in Bezug auf demografische Daten in Frage gestellt werden – denn gerade aus diesen Angaben gewinnt das Diversity Management wichtige Daten für seine Arbeit.

Ob die Abfrage demografischer Fakten wirklich ein Problem darstellt hängt stark davon ab, wie die Unternehmensleitung das Thema Diversity, also die Vielfalt in der Organisation, kommuniziert und vorlebt. Fragen nach dem Alter, dem Geschlecht, der Abteilung oder ähnlichen Items führen bei den Mitarbeitern zu Verunsicherung, ob sie noch anonym agieren. Je nach Größe des Unternehmens sind mit solch spezifischen Fragen schnell die dazugehörigen Mitarbeiter identifiziert (z.B. Mann, Abteilung Z, Alter = Herr Schmitt).

Dadurch können Ängste bei den Mitarbeitern hervorgerufen werden, da diese annehmen, dass sie alleine im Fokus der Befragung stehen oder gar ihr Arbeitsplatz gefährdet ist. So könnte ein älterer Mitarbeiter glauben, dass seine Arbeitseinstellung in Frage gestellt wird und er eventuell vorzeitig in den Ruhestand geschickt werden soll. Andererseits kann durch die Abfrage dieser Daten jedoch gezielter auf die Bedürfnisse der einzelnen demografischen Gruppen eingegangen werden.

Auch ist im Hinblick auf Diversity zu beachten, dass Fragen in einer Mitarbeiterbefragung niemals so gestellt werden, dass sie einen Einzelnen oder Gruppen von Mitarbeitern diskriminieren oder benachteiligen. So kann in einer Klimabefragung nicht nach einem der Merkmale von Diversity gefragt werden. Zum Beispiel, „Fühlen sie sich durch kopftuchtragende Kolleginnen gestört?" Dies wäre nicht nur eine ethisch bedenkliche, sondern auch in Bezug auf das AGG keine zulässige Frage.

Weiter muss auch darauf geachtet werden, dass die Formulierung der Mitarbeiterbefragung diversitygerecht ist. So sollten sich weibliche Mitarbeiter genauso angesprochen fühlen wie männliche (zum Beispiel liebe Kolleginnen und Kollegen) und auch in Bezug auf die Merkmale von Diversity sollte darauf geachtet werden, dass niemand bezüglich seines Alters, Geschlechts, sexueller Orientierung oder Kultur angegriffen oder benachteiligt fühlt.

Führt man in einem international tätigen Unternehmen an mehreren Standorten eine Mitarbeiterbefragung durch, ist die Wahl der Sprache wichtig. Es ist die Entscheidung zu treffen, ob eine internationale Sprache (Unternehmenssprache) genutzt wird oder ob mehrere Mitarbeiterbefragungen in den jeweiligen Landessprachen angeboten werden. Sinnvoll ist die Wahl der zweiten Alternative, um jedem Mitarbeiter die Beteiligung an der Mitarbeiterbefragung zu ermöglichen, sodass niemand aufgrund von Sprachproblemen von der Mitarbeiterbefragung ausgeschlossen wird. Zudem werden durch eine professionelle Übersetzung Interpretationsfehler ausgeschlossen, die dem Mitarbeiter bei einer Mitarbeiterbefragung in einer internationalen Sprache unterlaufen könnten. Die Vorgehensart ist jedoch mit relativ hohen Kosten verbunden. Hinzu kommt, dass auch dieses Vorgehen für Verstimmungen innerhalb der Organisation sorgen könnte. Mitarbeiter, deren Muttersprache der Unternehmenssprache entspricht, könnten annehmen, dass ausländische Mitarbeiter bevorzugt werden und sich diese nicht integrieren wollten. Die Unternehmensleitung darf insbesondere keine Sprachgruppe bevorzugen, da dies zu einem Ungerechtigkeitsempfinden bei anderen Gruppen führen könnte.[178] Deshalb ist es schwierig eine Mitarbeiterbefragung in verschiedenen Sprachen durchzuführen. Hier bedarf es der Unterstützung durch professionelles Diversity Management. Es ist jedoch darauf hinzuweisen, dass in einer multikulturellen Organisation stets erhöhtes Konfliktpotential besteht und sie mit Kommunikationsproblemen und daraus resultierenden höheren Kosten verbunden ist.[179]

5.2 Prozedurale Aspekte

Über die rechtlichen Rahmenbedingungen hinaus gilt es, bei der Mitarbeiterbefragung prozedurale Aspekte zu berücksichtigen. Hierbei geht es etwa um die Fragen, welche und wie viele Mitarbeiter befragt werden, wann die Befragung durchgeführt wird und ob sie wiederholt wird. Darüber hinaus zählt die Fragebogengestaltung zu den Themen, die in diesem Abschnitt diskutiert werden.

5.2.1 Wen befragen?

Je nach Ziel der Mitarbeiterbefragung sollte im Vorfeld analysiert werden, ob Aussagen bezüglich der gesamten Mitarbeiterschaft getroffen werden oder ob sich aus der Zielsetzung die Beschränkung auf eine bestimmte Teilgruppe ergibt. Im Vorfeld der Mitarbeiterbefragung muss also zunächst die Grundgesamtheit festgelegt werden.

> Die *Grundgesamtheit* einer Mitarbeiterbefragung „umfasst die Menge aller Mitarbeiter, über die Aussagen getroffen werden sollen."[180]

Möglichkeiten zur Abgrenzung der Grundgesamtheit bestehen räumlich, zeitlich und sachlich. Darüber hinaus können bestimmte Mitarbeitergruppen (zum Beispiel nach Hierarchieebene) von der Mitarbeiterbefragung ausgeschlossen werden.[181]

Ein Beispiel der Definition einer Grundgesamtheit kann daher wie folgt aussehen: „Alle Mitarbeiter der Firma A am Standort B, die am Tag C seit mindestens 6 Monaten im Unternehmen beschäftigt sind."[182] So kann je nach Definition das gesamte Unternehmen oder nur ein Teil der Mitarbeiter befragt werden.

5.2.2 Wie viele befragen?[*]

Nachdem die Grundgesamtheit festgelegt wurde, wird anschließend über den Umfang der Erhebung entschieden. Für dessen Bestimmung werden zwei Arten unterschieden, die Vollerhebung und die Teilerhebung:

> Die *Vollerhebung* beinhaltet alle Elemente der Grundgesamtheit. Typische Beispiele sind Volkszählungen oder Wahlen.[183]

Vorteile der Vollerhebung sind die Generierung umfangreicher Informationen, zudem wird durch die Befragung eines jeden Mitarbeiters höhere Akzeptanz auf Mitarbeiterseite erreicht. Als Nachteile sind jedoch eine mögliche Flut irrelevanter Daten sowie hoher Organisationsaufwand

---

[*] Stefanie Schoop

und damit verbunden höhere Kosten zu nennen. Daher sollte stets geprüft werden, ob eine Teilerhebung möglich ist.

Die *Teilerhebung* beschränkt sich auf eine Teilmenge der Grundgesamtheit.[184] Das Verfahren der Teilerhebung findet Anwendung bei Untersuchungsdesigns, in denen eine große Grundgesamtheit existiert.

Die Teilerhebung dient der Vereinfachung und Aufwandsersparnis. Mit Hilfe geeigneter statistischer Methoden können Schlüsse aus den Ergebnissen der Stichprobe auf die Grundgesamtheit gezogen werden.[185]

Vorteile der Teilerhebung sind also vergleichsweise geringer Organisationsaufwand und dadurch auch geringere Kosten sowie die geringere Dauer der Befragung, welche in höherer Aktualität resultiert. Nachteile entstehen hier jedoch aus der Möglichkeit, dass bei der Bestimmung der Stichprobengröße im Vorfeld Fehler gemacht werden und die Mitarbeiterbefragung somit nicht repräsentativ ist. Nach der Bestimmung der Erhebungsart ist der Zeitpunkt der Mitarbeiterbefragung festzulegen.

5.2.3 Wann und wie oft befragen?[*]

Bei der Festlegung des Zeitpunktes der Mitarbeiterbefragung spielen vor allem die die wirtschaftliche Situation des Unternehmens sowie die unternehmensexterne gesamtwirtschaftliche Lage eine wichtige Rolle. Fraglich ist, ob in Krisenzeiten Mitarbeiterbefragungen durchzuführen sind. Grund für diese Skepsis sind die gestiegenen Ängste der Mitarbeiter vor drohendem Jobverlust. Wie bereits zuvor beschrieben, kann eine Mitarbeiterbefragung mit Ängsten auf Seiten der Mitarbeiter verbunden sein. Somit würden in einer ohnehin schon angstbesetzten Zeit weitere Ängste geschürt werden.

Diese Überlegungen sprechen dafür, dass Mitarbeiterbefragungen eher in stabilen Unternehmenssituationen durchgeführt werden sollten.

---

[*] Michael Koch

Ähnlich ist die Lage bei Fusionen. Während diesen herrscht zum einen Unsicherheit auf Seiten der Mitarbeiter, zum anderen ist die Mitarbeiterbefragung schwer zu organisieren. Daher sollte sie erst durchgeführt werden, wenn die Organisationsstrukturen wieder gefestigt sind. Darüber hinaus haben auch die Kosten einer Mitarbeiterbefragung Einfluss auf den idealen Zeitpunkt. Ist der Nutzen aus Sicht der Mitarbeiter im Vergleich zu den Kosten zu gering, sinkt die Akzeptanz der Mitarbeiterbefragung.[186]

Außerdem sollte der Zeitpunkt der Erhebung sollte so gewählt werden, dass es keine Überschneidung mit Haupturlaubszeiten und Krankheitsphasen gibt, um die Rücklaufquote der Fragebögen zu maximieren. Gerade in internationalen Unternehmen ist dies jedoch in der praktischen Umsetzung nur äußerst schwer zu realisieren. Neben dem Zeitpunkt muss außerdem die Häufigkeit der Befragung bestimmt werden.

Wie häufig eine Mitarbeiterbefragung stattfindet, wird durch die Frequenz ausgegeben.

> Die *Frequenz* ist das Intervall der Mitarbeiterbefragungen in einem Unternehmen.

In der Theorie lassen sich Mitarbeiterbefragungen bezüglich der Frequenz grundsätzlich in einmalige und regelmäßige Befragungen unterscheiden. Die Frequenzen sind dabei immer an den Umfang der Befragung gekoppelt. Dieser lässt sich in einen breiten und einen engen Umfang gliedern. Werden diese zwei Aspekte kombiniert, ergeben sich vier Grundformen der Frequenz.[187]

In einem *einmaligen Rundum-Scanning* kann man alle erfolgskritischen Bereiche durchforsten.[188] In diesem Fall ist der Umfang dementsprechend groß. Andererseits kann dieses Rundum-Scanning zu einem *Trendmonitoring* erweitert werden. Dann werden eben diese erfolgskritischen Bereiche regelmäßig in einem überjährigen Zeitrahmen von zwei bis vier Jahren untersucht.[189]

Bei kleiner Stichprobe unterscheidet man wiederum zwischen regelmäßiger und einmaliger Frequenz. Es werden *Befragungen in einzelnen Aktionen* oder Projekten durchgeführt, um Feedback von den betroffenen Mitarbeitern zu erhalten (beispielsweise zu Mitarbeiterintegration).[190] Bei einer *regelmäßigen Befragung mit engem Umfang* werden einzelne Schlüsselvariablen permanent beobachtet.[191] Die Wiederholungen der Befragung erfolgen dabei unterjährig.

In der Praxis werden in Deutschland, Österreich und der Schweiz circa 60 % aller Mitarbeiterbefragungen jedes oder jedes zweite Jahr durchgeführt. Zwölf Prozent führen noch jedes dritte Jahr Mitarbeiterbefragungen durch.[192] Insgesamt führen 51 % der Unternehmen Mitarbeiterbefragungen regelmäßig durch.[193]

Neben den bereits besprochenen organisationalen Aspekten ist jedoch auch die Ausgestaltung des Fragebogens für die erfolgreiche Befragung relevant.

5.2.4 Wie lang soll der Fragebogen sein?[*]

Wichtigste Voraussetzung für das Gelingen einer Mitarbeiterbefragung ist der professionell erstellte Fragebogen.[194] Grundsätzlich sollten Fragebögen zudem möglichst individuell für die Gruppe der befragten Mitarbeiter entwickelt werden.[195] In der Regel stellt der Fragebogen ein Befragungsinstrument dar, das aus mehreren Items besteht. Items sind Fragen mit ihren dazugehörigen Antwortmöglichkeiten.[196]

Bei der Konzeption des idealen Fragebogens sollten folgende Elemente berücksichtigt werden:

* Das *Deckblatt* beinhaltet das Befragungsthema, das Unternehmenslogo, die Abteilung des Verantwortlichen und der Hinweis auf die Anonymität der Befragten. Der Titel der Befragung sollte klar und unmissverständlich formuliert sein. Nutzen und die Motivation der Geschäftsleitung für die Durchführung der Befragung müssen ansatzweise für den Mitarbeiter erkennbar sein.[197] Instruktionen über sowohl das Ausfüllen des Fragebogens, als auch die klare Aufgliederung in Themenblöcke durch Nummerierungen, sowie farbliche Abstufungen sind für die Übersichtlichkeit des Fragebogens dienlich.[198]

---

[*] Waltraud Kuhn

- Die *Fragen* zu den Themenbereichen können in Themenblöcken zusammengefasst werden. Eine Aufteilung in Unterkategorien ist bei großen Themenbereichen förderlich. Bei der *Fragenzusammenstellung* muss der Grundaufbau beachtet werden. Hierbei sind Einleitungsfragen, Sachfragen und Kontrollfragen zu nutzen. Wichtige Fragen sind an den Anfang des Fragebogens zu stellen. Bei der Formulierung der Fragen ist darauf zu achten, dass eine klare, nicht mehrdeutige Wortwahl getroffen wird. In einer Frage sollten nicht mehrere Themen abgefragt werden. Außerdem sollte die Verwendung von Anglizismen vermieden werden, ebenso wie Negationen. Die Erklärungen von theoretischen und abstrakten Fragen sind mit Hilfe von Beispielen zu illustrieren.[199]

- Die optimale *Fragenanzahl* liegt bei ungefähr 60 Fragen. Der Mitarbeiter sollte den Fragebogen in maximal einer dreiviertel Stunde beantworten können.[200]

- Die Anzahl der *Antwortmöglichkeiten* und die Art der Antwortkategorien sollten im Vorfeld genau beachtet werden.[201] Sie sollten vielseitig kombiniert sein, um beim Ausfüllenden keine Routine einkehren zu lassen. Das Abwechseln von symmetrischen Antwortalternativen und Ja/Nein-Fragen, als auch Fragen, bei denen der Befragte selbst eine freie Antwort formulieren kann, stellen die benötigte Vielfalt sicher.

- *Demografische Items* können sowohl am Anfang als auch am Ende des Fragebogens abgefragt werden. Sollten sie zum Schluss der Befragung gestellt werden, ist der Befragte eher bereit, Angaben zu persönlichen Details zu machen, da er sich bereits ein Bild vom Inhalt der Befragung gemacht hat. Bedenken im Hinblick auf die Anonymität können vermindert werden, wenn nur Fragen gestellt werden, die zwingend für die Auswertung sind.[202]

- Auf der *letzten Seite* ist ein Abschlusswort an die Befragten zu richten, zum Beispiel „Danke für Ihre Teilnahme".[203]

Nachdem der Fragebogen zusammengestellt wurde, kann dieser zunächst in einem kleinen Rahmen getestet werden, etwa dahingehend, ob alle Fragen verständlich und eindeutig formuliert sind und die Zeit zum Ausfüllen korrekt geschätzt wurde.

5.2.5 Was wird gefragt?[*]

Die im Rahmen der Mitarbeiterbefragung abgefragten Themen lassen sich bestimmten Kernbereichen zuordnen. *Domsch* und *Ladwig* verweisen diesbezüglich auf eine Systematisierung der F.G.H. Forschungsgruppe, die in der Praxis weit verbreitet ist. Diese Systematisierung enthält zehn Kernbereiche, darunter

- *Tätigkeit/Arbeitsorganisation,* mit Fragen zur Art der Tätigkeit, aber auch zur Arbeitsbelastung,
- *Arbeitsbedingungen,* mit Fragen zu Umweltbedingungen, wie Lärm, Aber auch Arbeitsplatz und Arbeitszeitgestaltung,
- *Entgelt und Sozialleistungen,* mit Fragen zu Informationen über das Gesamtunternehmen, aber auch den spezifischen Arbeitsplatz,
- *Zusammenarbeit,* mit Fragen über die Arbeit mit Kollegen, aber auch im Gesamtunternehmen,
- *Möglichkeit zur Umsetzung eigener Leistungsfähigkeit,* mit Fragen zur Einschätzung der eigenen Entfaltungsmöglichkeiten, aber auch zu Veränderungsvorschlägen,
- *Weiterbildung/Entwicklungsmöglichkeiten,* mit Fragen zum Weiterbildungsangebot, aber auch wahrgenommenen Aufstiegsbarrieren,
- *Vorgesetztenverhalten,* mit Fragen zur Gesamtzufriedenheit, aber auch zum Ansehen des Unternehmens in der Perzeption des Mitarbeiters und schließlich
- *Statistik,* mit Fragen zu demografischen Daten, sowie der organisationalen Stellung.[204]

Während diese Art der Abfrage recht allgemein gehalten ist, gibt es darüber hinaus die Möglichkeit, spezielle Aspekte im Rahmen einer speziellen Mitarbeiterbefragung abzufragen. Hierbei wird dann auf einzelne Kernbereiche fokussiert und diese werden vertieft abgefragt.[205]

---

[*] Felix Eichhorn

5.2.6 Wie werden die Fragen formuliert?[*]

Die Formulierung der Fragen in einer Mitarbeiterbefragung wirkt sich maßgeblich auf die Zuverlässigkeit der Ergebnisse aus. Bei der Fragebogengestaltung sind daher stets die beiden Gütekriterien Validität und Reliabilität zu beachten um verlässliche Ergebnisse zu erhalten. Validität meint dabei, dass die gestellten Fragen genau das messen, was gemessen werden soll.[206] Soll beispielsweise die Zutatenliste eines Banana Split festgestellt werden, reichen die Fragen nach Anzahl der Bananen und Menge an Eiscreme nicht aus. Nur mit diesen zwei Angaben wäre es nicht möglich, einen Banana Split zuzubereiten, da die Angabe der essentiellen Zutaten Schokosoße und Sahne fehlt. Entsprechend wäre das Messinstrument zur Zubereitung eines Banana Split – bestehend aus den Fragen: Wie viele Bananen? Und wie viel Eiscreme? – nicht valide, da wichtige Fragen – nach Schokosoße und Sahne – fehlen und damit nicht genau das gemessen wird, was gemessen werden soll.

Das Gütekriterium Reliabilität bezieht sich weniger auf die Messgenauigkeit als auf die Zuverlässigkeit des Messinstruments. Die Reliabilität gibt an, ab in verschiedenen Situationen oder bei Wiederholung der Messung ähnliche Ergebnisse erzielt werden können.[207] Wird der Eisverkäufer beispielsweise vor und nach der Sommersaison noch einmal nach der Zutatenliste für den Banana Split befragt, müssen hier ähnliche Ergebnisse erzielt werden, wenn das Messinstrument reliabel ist. Gleiches gilt, wenn mehrere Eisverkäufer befragt werden.

Übertragen auf den Unternehmenskontext, zum Beispiel auf das Konstrukt Mitarbeiterzufriedenheit, bedeutet dies, dass alle die Mitarbeiterzufriedenheit beeinflussenden Faktoren in Form von Fragen abgebildet werden müssen. Werden tatsächlich alle Einflussfaktoren in den Fragen abgebildet, kann man von einem validen Messinstrument ausgehen. Reliabel ist das Messinstrument dann, wenn bei einer wiederholten Befragung derselben Personen – beispielsweise nach einer Woche (und ohne

---

[*] Kirsten Brackertz und Jacqueline Wimalasooriyar

größere die Arbeit betreffende Veränderungen) – ähnliche Zufriedenheitswerte erzielt werden.

Im Folgenden werden exemplarisch Skalen zur Mitarbeiterzufriedenheit vorgestellt, die bei früheren Befragungen hohe Reliabilitätswerte aufwiesen.

Fragen bezüglich der Zufriedenheitsthemen

Für die Messung von Arbeitszufriedenheit bieten sich zwar Standardfragebögen an, dennoch fehlt es den Quellen meist an Beweiskraft für die Reliabilität, Aktualität oder Zugänglichkeit, da sie nicht in wissenschaftlichen Studien überprüft werden.

Eine Möglichkeit für Unternehmen, die zuverlässigsten Fragen für Zufriedenheit herauszufiltern, ist Fragen zu finden, die sowohl in Form von publizierten Standardfragebögen existieren, als auch in einer aktuellen wissenschaftlichen Studie nochmals auf ihre Zuverlässigkeit hin bewertet wurden. Eine Auswahl, die diesen Ansprüchen gerecht wird, bietet Tabelle 2.

Anmerkungen zur Zuverlässigkeit der verwendeten Quellen:

1. *Fields*[208] gibt einen guten Überblick über die Entwicklung der Skalen *Global Job Satisfaktion*, welche auf die Forschungen von *Quinn* und *Shepard* aus dem Jahr 1974 zurückgeht[209] und unter anderem von *Pond* und *Geyer*[210] modifiziert wurde. Diese erreichen ein Cronbach Alpha von 0,9.[211]

2. *Eisenberger* et al. entwickelten 1986 den *Survey of Perceived Organizational Support* (SPOS) mit insgesamt 36 Items.[212] In Tabelle 2 wird auf die verkürzte 8-Item Skala verwiesen, welche sowohl bei *Eisenberger et al.*[213] auch *Hutchison*[214] Verwendung findet. *Eisenberger* et al. erzielt in seiner Studie[215] ein Cronbach Alpha von 0,9, während *Hutchison* sogar einen Wert von 0,92 mit der 8-Item Skala erzielt.[216]

3. Die Scala zum Commitment wurde dem Copenhagen Psyhosocial Questionnaire (COPSOQ) entnommen, welcher in einer Pilot-(N = 300) und Hauptstudie (N = 2561) getestet wurde. Dabei konnte ein Cronbach Alpha von 0,72 erzielt werden.[217]

Zusammenfassend kann also festgehalten werden, dass alle vorgestellten Fragen überprüft und bezüglich ihrer Reliabilität optimiert wurden.

Dimension	Fragen
Global Job Satisfaction[218]	If you had to decide all over again whether to take the job you now have, what would you decide?
	If a friend asked if he/she should apply for a job like yours with your employer, what would you recommend?
	How does this job compare to your ideal job?
	How does your job measure up to the sort of job you wanted when you took it?
	All things considered, how satisfied are you with your current job?
	In general, how much do you like your job?[219]
Perceived Organizational Support[220]	The organization values may contribution to its well-being.
	The organization fails to appreciate any extra effort from me.
	The organization would ignore any complaint from me.
	The organization really cares about my well-being.
	The organization takes pride in my accomplishments at work.
	Even if I did the best job possible, the organization would fail to notice.
	The organization cares about my general satisfaction at work.
	The organization shows very little concern for me.[221]
Organizational Commitment[222]	Sind Sie stolz, dieser Einrichtung anzugehören?
	Erzählen Sie anderen gerne über Ihren Arbeitsplatz?
	Erleben Sie Probleme Ihrer Arbeitsstelle als Ihre eigenen?
	Hat Ihre Arbeitsstelle große persönliche Bedeutung für Sie?[223]

Tabelle 2: Auswahl zuverlässiger Fragen – Mitarbeiterzufriedenheit

Allgemeine Anforderungen an Fragen

Grundsätzlich lassen sich Anforderungen an Fragen formulieren, deren Erfüllung dazu beiträgt, die Reliabilität zu erhöhen. Dazu gehören[224]

- sprachliche Anforderungen als Vermeidung von Verdopplung, Negation und Expertenjargon,[225]

- psychische Anforderungen, also möglichst positive Formulierungen verwenden, um keine unzufriedene Haltung zu forcieren,[226]

- kontextuelle Anforderungen, das heißt Widerspieglung der Ziele, damit der Befragte einen Sinn erkennt[227] und

- inhaltliche Anforderungen, zum Beispiel sollten mehrere Inhalte innerhalb einer Frage vermieden werden, um die Eindeutigkeit der Antworten zu gewährleisten.[228]

Generell bietet es sich an, auf bestehende und überprüfte Skalen zurückgegriffen werden. Neben den Gütekriterien Reliabilität und Validität sollte jedoch das Hauptaugenmerk auf der einfachen Gestaltung der Fragen liegen. Bei unverständlich formulierten Fragen (beispielsweise durch Übersetzungsschwierigkeiten) sind die besten Skalen nutzlos, da jeder Befragte andere Assoziationen mit der Fragestellung verbindet und entsprechend antwortet.

5.2.7 Welche Skalen gibt es?[*]

Die Grundbedingung zur statistischen Auswertung von Daten ist eine sinnvolle Einteilung in Skalenniveaus. Zur Skalierung verschiedenster Items von Befragungen stehen nach *Stevens* vier verschiedene Skalenniveaus zur Auswahl, nämlich Nominal-, Ordinal-, Intervall- und schließlich Ratio-Skalen[229].

- Bei *Nominalskalen* kann keine Reihung der Merkmalsausprägungen vorgenommen werden, es kann also nicht unterschieden werden im Sinne von einer Rangordnung, oder: „Eine Nominalskala lässt [...] nur eindeutige Transformationen zu. "[230]

---

[*] Stefan Stieler

- Eine Ordnung von Objekten bezüglich einer Eigenschaft kann erst bei einer *Ordinalskala* gebildet werden: Hier ist es aber lediglich möglich, eine Präferenzordnung zu erstellen.

- Ein Vergleich der Abstände zwischen den einzelnen Ausprägungen ist erst bei der *Intervallskala* möglich: Diese erlaubt nicht nur „eine Anordnung von Objekten, sondern auch die Angabe exakter Abstände, wobei der Nullpunkt verschieblich [und die Größe der Abstände begründbar] ist."[231]

- Das vierte Skalenniveau ist die *Ratio-Skala*, oder auch Verhältnisskala: Sie besitzt einen absoluten Nullpunkt und sie hat darüber hinaus das höchste Skalenniveau. Ferner wird hier auf absolute Zahlenwerte zurückgegriffen, was Vergleiche innerhalb der Skala vereinfacht.

Welche Skala für welche Messung verwendet wird, lässt sich am einfachsten anhand von Beispielen verdeutlichen. So dient die Nominalskala etwa der Unterteilung in „männliche" und „weibliche", die Ordinalskala findet im Schulnotensystem Anwendung, die Intervallskala dient beispielsweise der Zeitmessung und die Ratio-Skala wird zur Größenangabe in Zentimetern verwendet. Die meistverwendeten Skalen in Mitarbeiterbefragungen sind Ordinal- und Intervallskalen. Welche Skala im Einzelfall gewählt wird, hängt von der Untersuchung ab.

Die in der Praxis am weitesten verbreitete Skalierung ist die von *Rensis Likert* vorgestellte Skala und deren entsprechende Modifikationen.[232] Sie liefert zufriedenstellende und zuverlässige Ergebnisse. Heutzutage wird die Likert-Skala nicht nur zur Messung von Einstellungen und Meinungen, sondern auch zur Einordnung von beispielsweise Fähigkeiten von Mitarbeitern oder der „human performance" genutzt. Aufgrund der weiten Verbreitung der Likert-Skala und ihrer Anwenderfreundlichkeit ist die Verwendung dieser – zumindest im Rahmen von Zustimmungsabfragen – zu empfehlen.

Grundsätzlich sind Likert-Skalen so aufgebaut, dass sie zwei entgegengesetzte Extremwerte als Pole besitzen, etwa „sehr zufrieden" und „sehr unzufrieden". Dazwischen existiert dann eine Reihe von Zwischenschritten, oft drei oder fünf, wie in Abbildung 5 exemplarisch dargestellt wird.

Wie zufrieden sind Sie mit Ihrem Arbeitsumfeld?				
sehr zufrieden	zufrieden	teils / teils	unzufrieden	sehr unzufrieden

Abbildung 5: Typische Likert-Skala

Fragenkataloge des Likert-Formats haben ein zentrales Unterscheidungsmerkmal: Entweder sie besitzen einen Auswahlpunkt in der Mitte als neutrale Option oder nicht. Was ist bei einer Mitarbeiterbefragung nun sinnvoller?

Bei gerader Anzahl von Auswahlkategorien spricht man von „Forced-Choice-Items", da durch Verwenden solcher Items eine neutrale Beantwortung ausgeschlossen wird. Dies ist jedoch auch mit Nachteilen verbunden: Erfordert die tatsächliche Situation in einem Unternehmen das Vorhandensein einer mittleren Antwortoption, so wird das Ergebnis verfälscht, „da es nicht der tatsächlichen Ausprägung der Einstellungen und Meinungen der Mitarbeiter entspricht."[233]

Die „Midpoint Response Option" stellt hingegen eine Auswahlmöglichkeit für Unwissenheit oder Unmöglichkeit der Beantwortung dar.[234] Hier besteht die Gefahr, dass diese Option gewählt wird, obwohl dem Befragten zu wenige Informationen zur korrekten Beantwortung der Frage vorliegen.

Abschließend kann festgehalten werden, dass die höhere Akzeptanz bei den Mitarbeitern das wichtigste Argument für die Verwendung einer mittleren Antwortkategorie bei Rating-Items ist. Daher sollte auf Skalen mit einer geraden Anzahl an Kategorien verzichtet werden.

5.3 Diversity als Spezialaspekt[*]

Die Erhebung von Diversity ist in zwei Aspekte zu unterteilen.

> Die *Erhebung von Diversity* liefert dem Diversity Management Informationen über die Vielfalt der Mitarbeiter und die Ausprägungen auf den einzelnen Dimensionen. Die *Erhebung der Diversitynutzung* liefert dem Diversity Management hingegen Informationen über die gelebte Inclusion – also die Nutzung von Diversity – im Unternehmen.

5.3.1 Diversity erheben

Im Rahmen der Mitarbeiterbefragung sind diejenigen Diversity-Dimensionen von potenziellem Interesse, die noch nicht bereits durch die Mitarbeiterstammdaten erfasst sind, die jedoch als wichtig identifiziert wurden. So ist dem Unternehmen beispielsweise bereits bekannt, ob ein Mitarbeiter männlich oder weiblich ist und auch die Position im Unternehmen ist erfasst.

Kindererziehung ist hingegen beispielsweise ein Faktor, der Mitarbeiter oftmals daran hindert, in Vollzeit am Arbeitsleben teilzunehmen beziehungsweise Karriere zu machen. Daher könnte es im Hinblick auf die Herstellung fairer Arbeitsbedingungen von Interesse sein, ob ein Arbeitnehmer Kinder hat oder nicht, und darüber hinaus inwiefern er in die Erziehung eingebunden oder gar alleinerziehend ist. Anhand dieser Daten können dann Unterstützungsangebote wie zum Beispiel Kindertagesstätten, Kurzzeitbetreuung oder ein Concierge-Service installiert und entsprechend skaliert werden.

Die Intention dieser Fragen könnte von Mitarbeitern jedoch falsch gedeutet werden. Daher ist es zu empfehlen, gerade im Hinblick auf so sensible Fragen explizit die Begründung anzugeben und deutlich zu machen, wofür die Daten genutzt werden.

---

[*] Janine Bradfisch und Felix Eichhorn

Auf noch sensiblere Fragen, wie etwa nach der sexuellen Orientierung, sollte aufgrund der missverständlichen Signalwirkung in jedem Fall verzichtet werden. Wichtigere Informationen in Bezug auf Diversity erhält das Unternehmen jedoch, wenn es die Diversitynutzung im Rahmen der Mitarbeiterbefragung erhebt.

5.3.2 Diversitynutzung erheben

Die Erhebung der Diversitynutzung orientiert sich an den drei ihr zugeordneten Paradigmen.

Im Hinblick auf das *Fairness-und-Diskriminierung-Paradigma* ist auf die Ebene des Individuums abzuzielen. Es gilt also, den Mitarbeiter nach diversityrelevanten Aspekten seines persönlichen Arbeitsumfelds (Context) zu befragen, beispielsweise ob er seine aktuelle Arbeitszeitregelung als optimal empfindet oder ob durch Flexibilisierungsmaßnahmen wie Mobile Work eine umfangreichere Partizipation am Arbeitsleben erreicht werden könnte. Auch erlebte Diskriminierung könnte hier abgefragt werden, müsste dann jedoch vor dem Hintergrund des AGG äußerst sensibel behandelt werden.

Die Mitarbeiterbefragung kann im Kontext des *Marktzutritt-Paradigmas* auf die Wissensbasis des Unternehmens abzielen. Hierbei kann erfragt werden, ob die Mitarbeiter aktuell über ausreichendes Wissen über aktuelle und zukünftige Kundengruppen und Märkte verfügen. Auch kann abgefragt werden, ob Experten für diese Gruppen und Märkte im Unternehmen vorhanden und identifiziert sind.

Das *Lernen-und-Effektivität-Paradigma* bezieht sich auf das Mindset der Mitarbeiter und die Unternehmenskultur. Hier ist also zu erfassen, ob und in welchem Umfang die Einbeziehung vielfältiger Sichtweisen im täglichen Arbeitsleben praktiziert wird.

Hierzu liegen beispielsweise Vorschläge von *Thomas* und *Woodruff* vor, die die Inclusion anhand kleiner Beispielfälle mit verschiedenen Antwortoptionen erhebt.[235] Diese zielen jedoch stark auf die US-amerikanische Kultur ab und sind daher im europäischen Raum nur begrenzt einsetzbar. Im Rahmen des Projekts Kompetenz4HR am *Institut für Managementkompetenz (imk)*, Saarbrücken, wurden daher auf dieser Grundlage Fragen entwickelt, die auf den europäischen Kulturraum zugeschnitten sind. Untenstehend exemplarisch eine Frage, mit der gelebte Inclusion in Unternehmen erfasst werden kann:

Das Tempo ist hoch: In Ihrer Kantine werden täglich 2.000 Essen ausgegeben. Daher muss es an der Essensausgabe vor allem schnell gehen. In der Vergangenheit waren diese Positionen stets ausschließlich mit jüngeren Mitarbeitern besetzt, jedoch arbeiten seit 2 Monaten auch zwei ältere Mitarbeiter an der Essensausgabe. Dadurch kann es neuerdings auch mal etwas länger dauern: Die älteren Mitarbeiter brauchen länger beim Anrichten der Speise und unterhalten sich bisweilen mit den Gästen. Was würde in Ihrem Unternehmen wahrscheinlich passieren?

a) Die beiden älteren Mitarbeiter würden bald an eine andere Stelle versetzt werden, an der Arbeitstempo eine untergeordnete Rolle spielt.

b) Der Vorgesetzte würde versuchen, die älteren Mitarbeiter so zu schulen, dass sie mit dem Tempo der Jüngeren mithalten können.

c) Es wird nichts geändert, denn eine größere Gruppe von Gästen mag die liebevoll angerichteten Speisen und freut sich über die individuelle Betreuung.

Antwortmöglichkeit a) steht hierbei für die Nicht-Nutzung und Bekämpfung von Diversity, Antwortmöglichkeit b) steht für die Akzeptanz aber Nicht-Nutzung von Diversity und Antwortmöglichkeit c) für Akzeptanz und Nutzung von Diversity, also für gelebte Inclusion. Die vorgestellte Frage ist an dieser Stelle exemplarisch zu sehen, sie sollte im Rahmen der Mitarbeiterbefragung um weitere Fragen mit ähnlichem Aufbau ergänzt werden. Nur wenn sowohl die Diversity als auch die Diversitynutzung erhoben wird, entsteht ein vollständiges Bild, welches dem Diversity Management zahlreiche Analyse- und Handlungsoptionen bietet.

Quellennachweis

[117] vgl. *Böhm, Wolfgang*, Mitarbeiterbefragung – Juristische Rahmenbedingungen, in: *Bungard, Walter/Jöns, Ingela* (Hrsg.), Mitarbeiterbefragung – Ein Instrument des Innovations- und Qualitätsmanagements, Weinheim (Beltz Psychologie Verlags Union) 1997, 238.

[118] vgl. *Küpferle, Otto*, Arbeitnehmerdatenschutz im Spannungsfeld von Bundesdatenschutzgesetz und Betriebsverfassungsgesetz, München (Florentz) 1986, 28.

[119] vgl. *Schillinger, Bernhard/ Herbek, Manfred*, Das Bundesdeutsche Datenschutzgesetz, in: *Fleissner, Peter/ Choc, Marcel* (Hrsg.), Datensicherheit und Datenschutz – Technische und rechtliche Perspektive, Innsbruck - Wien (StudienVerlag) 1996, 117-138, hier: 120.

[120] vgl. *Witt, Bernhard C.*, Datenschutz kompakt und verständlich. Eine praxisorientierte Einführung, Wiesbaden (Vieweg&Teubner) 2. Aufl. 2010, 6.

[121] vgl. *Witt, Bernhard C.*, Datenschutz kompakt und verständlich. Eine praxisorientierte Einführung, Wiesbaden (Vieweg&Teubner) 2. Aufl. 2010, 76.

[122] vgl. *Witt, Bernhard C.*, Datenschutz kompakt und verständlich. Eine praxisorientierte Einführung, Wiesbaden (Vieweg&Teubner) 2. Aufl. 2010, 76.

[123] vgl. *Witt, Bernhard C.*, Datenschutz kompakt und verständlich. Eine praxisorientierte Einführung, Wiesbaden (Vieweg&Teubner) 2. Aufl. 2010, 95-96.

[124] vgl. *Witt, Bernhard C.*, Datenschutz kompakt und verständlich. Eine praxisorientierte Einführung, Wiesbaden (Vieweg&Teubner) 2. Aufl. 2010, 99.

[125] vgl. *Böhm, Wolfgang*, Mitarbeiterbefragung – Juristische Rahmenbedingungen, in: *Bungard, Walter/ Jöns, Ingela* (Hrsg.), Mitarbeiterbefragung – Ein Instrument des Innovations- und Qualitätsmanagements, Weinheim (Beltz Psychologie Verlags Union) 1997, 244.

[126] vgl. *Witt, Bernhard C.*, Datenschutz kompakt und verständlich. Eine praxisorientierte Einführung, Wiesbaden (Vieweg&Teubner) 2. Aufl. 2010, 100.

[127] vgl. *Däubler, Wolfgang*, Gläserne Belegschaften? – Datenschutz in Betrieb und Dienststelle, Frankfurt am Main (Bund-Verlag) 4. Aufl. 2002, 288.

[128] vgl. *Böhm, Wolfgang*, Mitarbeiterbefragung – Juristische Rahmenbedingungen, in: *Bungard, Walter/ Jöns, Ingela* (Hrsg.), Mitarbeiterbefragung – Ein Instrument des Innovations- und Qualitätsmanagements, Weinheim (Beltz Psychologie Verlags Union) 1997, 238-239.

[129] vgl. *Burkert, Carola*, Qualitätskriterien einer Mitarbeiterbefragung untersucht am Beispiel von Total Quality Management, Diss. Aachen (Shaker) 2001, 88.

[130] vgl. *Hilsenbeck, Thomas*, Leitfaden Mitarbeiterbefragungen, im Internet: http://www.aperio-online.de/pdf/aperio-Leitfaden Mitarbeiterbefragungen.pdf, abgerufen am 26.02.2011, 12.

[131] vgl. *Borg, Ingwer*, Mitarbeiterbefragungen kompakt, Göttingen etc. (Hogrefe) 2002, 25.

[132] vgl. *Borg, Ingwer*, Mitarbeiterbefragungen – Strategisches Aufbau- und Einbindungsmanagement, Göttingen etc. (Hogrefe) 1995, 77.

[133] vgl. *Burkert, Carola*, Qualitätskriterien einer Mitarbeiterbefragung untersucht am Beispiel von Total Quality Management, Diss. Aachen (Shaker) 2001, 91.

[134] vgl. *Borg, Ingwer*, Mitarbeiterbefragungen – kompakt, Göttingen etc. (Hogrefe) 2002, 26.

[135] vgl. *Küpferle, Otto*, Arbeitnehmerdatenschutz im Spannungsfeld von Bundesdatenschutzgesetz und Betriebsverfassungsgesetz, München (Florentz) 1986, 192.

[136] vgl. *Burkert, Carola*, Qualitätskriterien einer Mitarbeiterbefragung untersucht am Beispiel von Total Quality Management, Diss. Aachen (Shaker) 2001, 85.

[137] vgl. *Borg, Ingwer*, Mitarbeiterbefragungen – Strategisches Aufbau- und Einbindungsmanagement, Göttingen etc. (Hogrefe) 1995, 20.

[138] vgl. *Töpfer Armin/Zander, Ernst*, Mitarbeiterbefragungen – Ein Handbuch, Frankfurt (Campus) 1985, 18.

[139] vgl. *Borg, Ingwer*, Mitarbeiterbefragungen – Strategisches Aufbau- und Einbindungsmanagement, Göttingen etc. (Hogrefe) 1995, 43.

[140] vgl. *Borg, Ingwer*, Mitarbeiterbefragungen – Strategisches Aufbau- und Einbindungsmanagement, Göttingen etc. (Hogrefe) 1995, 64-65.

[141] vgl. *Borg, Ingwer*, Mitarbeiterbefragungen, in: *Schuler, Heinz* (Hrsg.), Lehrbuch der Personalpsychologie, Göttingen etc. (Hogrefe) 2001, 374-396, hier: 381.

[142] vgl. *Borg, Ingwer*, Mitarbeiterbefragungen – kompakt, Göttingen etc. (Hogrefe) 2002, 27.

[143] vgl. *Däubler, Wolfgang*, Gläserne Belegschaften? – Datenschutz in Betrieb und Dienststelle, Frankfurt am Main (Bund-Verlag) 4. Aufl. 2002, 197.

[144] vgl. *Borg, Ingwer*, Führungsinstrument Mitarbeiterbefragung, Göttingen etc. (Hogrefe) 3. Aufl. 2003, 74-75.

[145] vgl. *Töpfer Armin/Zander, Ernst*, Mitarbeiterbefragungen – Ein Handbuch, Frankfurt (Campus) 1985, 34.

[146] vgl. *Borg, Ingwer*, Führungsinstrument Mitarbeiterbefragung, Göttingen etc. (Hogrefe) 3. Aufl. 2003, 4.

[147] vgl. *Borg, Ingwer*, Mitarbeiterbefragungen – kompakt, Göttingen etc. (Hogrefe) 2002, 63.

[148] vgl. *Töpfer Armin/Zander, Ernst*, Mitarbeiterbefragungen – Ein Handbuch, Frankfurt (Campus) 1985, 144.

[149] vgl. *Hilsenbeck, Thomas*, Leitfaden Mitarbeiterbefragungen, im Internet: http://www.aperio-online.de/pdf/aperio-LeitfadenMitarbeiterbefragungen.pdf, abgerufen am 26.02.2011, 3.

[150] vgl. *Nieder, Peter*, Mitarbeiterbefragung und betriebliches Gesundheitsmanagement, in: *Domsch, Michel E./Ladwig, Désirée H.* (Hrsg.), Handbuch Mitarbeiterbefragung, Heidelberg - Berlin (Springer) 2. Aufl. 2006, 327-341, hier: 330.

[151] vgl. *Nieder, Peter*, Mitarbeiterbefragung und betriebliches Gesundheitsmanagement, in: *Domsch, Michel E./Ladwig, Désirée H.* (Hrsg.), Handbuch Mitarbeiterbefragung, Heidelberg - Berlin (Springer) 2.Aufl. 2006, 327-341, hier: 337.

[152] vgl. *Borg, Ingwer*, Führungsinstrument Mitarbeiterbefragung, Göttingen etc. (Hogrefe) 3. Aufl. 2003, 159-160.

[153] vgl. *Borg, Ingwer*, Mitarbeiterbefragungen – kompakt, Göttingen etc. (Hogrefe) 2002, 64.

[154] vgl. *Töpfer Armin/Zander, Ernst*, Mitarbeiterbefragungen – Ein Handbuch, Frankfurt (Campus) 1985, 34-35.

[155] vgl. *Töpfer Armin/Zander, Ernst*, Mitarbeiterbefragungen – Ein Handbuch, Frankfurt (Campus) 1985, 34-35.

[156] vgl. *Borg, Ingwer*, Mitarbeiterbefragungen – Strategisches Aufbau- und Einbindungsmanagement, Göttingen etc. (Hogrefe) 1995, 86.

[157] vgl. *Hilsenbeck, Thomas*, Leitfaden Mitarbeiterbefragungen, im Internet: http://www.aperio-online.de/pdf/aperio-LeitfadenMitarbeiterbefragungen.pdf, abgerufen am 26.02.2011, 12; vgl. *Borg, Ingwer*, Führungsinstrument Mitarbeiterbefragung, Göttingen etc. (Hogrefe) 3. Aufl. 2003, 75.

[158] vgl. *Borg, Ingwer*, Mitarbeiterbefragungen – kompakt, Göttingen etc. (Hogrefe) 2002, 28; vgl. *Böhm, Wolfgang*, Mitarbeiterbefragung – Juristische Rahmenbedingungen, in: *Bungard, Walter/Jöns, Ingela* (Hrsg.), Mitarbeiterbefragung – Ein Instrument des Innovations- und Qualitätsmanagements, Weinheim (Beltz Psychologie Verlags Union) 1997, 239.

[159] vgl. *Borg, Ingwer*, Führungsinstrument Mitarbeiterbefragung, Göttingen etc. (Hogrefe) 3. Aufl. 2003, 76.

[160] vgl. *Witt, Bernhard C.*, Datenschutz kompakt und verständlich. Eine praxisorientierte Einführung, Wiesbaden (Vieweg&Teubner) 2. Aufl. 2010, 28.

[161] vgl. *Wollenschläger, Michael/Krogull, Jutta/Löcher, Jens*, Arbeitsrecht, Köln (Carl Heymanns) 3. Aufl. 2010, Rn. 790.

[162] vgl. *Wollenschläger, Michael/Krogull, Jutta/Löcher, Jens*, Arbeitsrecht, Köln (Carl Heymanns) 3. Aufl. 2010, Rn. 790.

[163] vgl. § 80 Abs. 2 BetrVG.

[164] vgl. *Thüsing, Gregor*, § 80 BetrVG Allgemeine Aufgaben, in: *Richardi, Reinhard* (Hrsg.), Betriebsverfassungsgesetz mit Wahlordnung, Kommentar, München (Beck) 12. Aufl. 2010, Rn. 8.

[165] vgl. *Kohte, Wolfhard*, § 80 Allgemeine Aufgaben, in: *Düwell, Franz J.*, Betriebsverfassungsgesetz, Handkommentar, Baden-Baden (Nomos) 3. Aufl. 2010, Rn. 22.

[166] vgl. *Thüsing, Gregor*, § 80 BetrVG Allgemeine Aufgaben, in: *Richardi, Reinhard* (Hrsg.), Betriebsverfassungsgesetz mit Wahlordnung, Kommentar, München (Beck) 12. Aufl. 2010, Rn. 8.

[167] vgl. *Hromadka, Wolfgang/Maschmann, Frank*, Arbeitsrecht Band 2, Kollektivarbeitsrecht + Arbeitsstreitigkeiten, § 16 Betriebsverfassungsrecht, Berlin - Heidelberg (Springer) 5. Aufl. 2010, Rn. 348.

[168] vgl. *Kania, Thomas*, § 80 BetrVG Allgemeine Aufgaben, in: *Müller-Glöge, Rudi/Preis, Ulrich/Schmidt, Ingrid* (Hrsg.), Erfurter Kommentar zum Arbeitsrecht, München (Beck) 11. Aufl. 2011, Rn. 8-10.

[169] vgl. *Richardi, Reinhard*, § 87 BetrVG Mitbestimmungsrechte, in: *Richardi, Reinhard* (Hrsg.), Betriebsverfassungsgesetz mit Wahlordnung, Kommentar, München (Beck) 12. Aufl. 2010, Rn. 174-199.

[170] vgl. *Böhm, Wolfgang*, Mitarbeiterbefragung – Juristische Rahmenbedingungen, in: *Bungard, Walter/Jöns, Ingela* (Hrsg.), Mitarbeiterbefragung, Ein Instrument des Innovations- und Qualitätsmanagements, Weinheim (Beltz) 1997, 242.

[171] vgl. *Böhm, Wolfgang*, Feedbackprozesse: Rechte der Mitarbeiter/Mitbestimmung des Betriebsrats, in: *Jöns, Ingela/Bungard, Walter* (Hrsg.), Feedbackinstrument im Unternehmen. Grundlagen, Gestaltungshinweise, Erfahrungsberichte, Wiesbaden (Gabler) 2005, 286.

[172] vgl. *BAG*, 1. Senat, Beschluss vom 14.09.1984 - 1 ABR 23/82, Leitsätze, in: DB 1984, 2513-1516.

[173] vgl. *Richardi, Reinhard*, § 87 BetrVG Mitbestimmungsrechte, in: *Richardi, Reinhard* (Hrsg.), Betriebsverfassungsgesetz mit Wahlordnung, Kommentar, München (Beck) 12. Aufl. 2010, Rn. 488-492.

[174] vgl. *LAG Hessen*, Beschluss vom 05.07.2001 - 5 TaBV 153/00, Leitsatz, in: DB 2001, 2254-2255.

[175] *Kania, Thomas*, § 94 BetrVG Personalfragebogen, Beurteilungsgrundsätze, in: *Müller-Glöge, Rudi/Preis, Ulrich/Schmidt, Ingrid* (Hrsg.), Erfurter Kommentar zum Arbeitsrecht, München (Beck) 11. Aufl. 2011, Rn. 2.

[176] vgl. *Kania, Thomas*, § 94 BetrVG Personalfragebogen, Beurteilungsgrundsätze, in: *Müller-Glöge, Rudi/Preis, Ulrich/Schmidt, Ingrid* (Hrsg.), Erfurter Kommentar zum Arbeitsrecht, München (Beck) 11. Aufl. 2011, Rn. 2.

[177] vgl. *Jöns, Ingela/Müller, Karsten*, Mitarbeiterbefragungen planen und durchführen, Vorbereitung, Planung und Organisation von Mitarbeiterbefragungen, in: *Bungard, Walter/Müller, Kars-*

ten/Niethammer, Cathrin, Mitarbeiterbefragung – was dann...?, MAB und Folgeprozesse erfolgreich gestalten, Heidelberg (Springer) 2007, 23.

[178] vgl. *Stuber, Michael,* Diversity – Das Potenzial-Prinzip. Ressourcen aktivieren – Zusammenarbeit gestalten, Köln (Luchterhand) 2. Aufl. 2009, 258.

[179] vgl. *Cox, Taylor,* The Multicultural Organization, in: Academy of Management Executive 5 (2/1991), 34-47, hier: 34.

[180] *Burkert, Carola,* Qualitätskriterien einer Mitarbeiterbefragung untersucht am Beispiel von Total-Quality-Management, Diss. Aachen (Shaker) 2001, 154.

[181] vgl. *Burkert, Carola,* Qualitätskriterien einer Mitarbeiterbefragung untersucht am Beispiel von Total-Quality-Management, Diss. Aachen (Shaker) 2001, 154.

[182] vgl. *Burkert, Carola,* Qualitätskriterien einer Mitarbeiterbefragung untersucht am Beispiel von Total-Quality-Management, Diss. Aachen (Shaker) 2001, 154.

[183] vgl. *Kauermann, Göran/Küchenhoff, Helmut,* Stichproben, Heidelberg etc. (Springer) 2011.

[184] vgl. *Stenger, Horst,* Stichprobentheorie, Würzburg - Wien (Physica) 1971, 11.

[185] vgl. *Kauermann, Göran/Küchenhoff Helmut,* Stichproben. Methoden und praktische Umsetzung mit R, Heidelberg etc. (Springer) 2011, 2.

[186] vgl. *Facts & Figures Group,* im Internet: http://www.mitarbeiterumfrage.info/de/tipps/KostenNutzen.php?thisID=31, 2011, abgerufen am 03.05.2011.

[187] vgl. *Scholz, Christian/Scholz, Maria,* Mitarbeiterbefragungen: Mehr als einfach nur Meinungsumfragen. Instrumente, Konzepte, Durchführung, in: Personalführung 28 (1995), 728-740.

[188] vgl. *Scholz, Christian/Scholz, Maria,* Mitarbeiterbefragungen: Mehr als einfach nur Meinungsumfragen. Instrumente, Konzepte, Durchführung, in: Personalführung 28 (1995), 728-740.

[189] vgl. *Scholz, Christian/Scholz, Maria,* Mitarbeiterbefragungen: Mehr als einfach nur Meinungsumfragen. Instrumente, Konzepte, Durchführung, in: Personalführung 28 (1995), 728-740.

[190] vgl. *Scholz, Christian/Scholz, Maria,* Mitarbeiterbefragungen: Mehr als einfach nur Meinungsumfragen. Instrumente, Konzepte, Durchführung, in: Personalführung 28 (1995), 728-740.

[191] vgl. *Scholz, Christian/Scholz, Maria,* Mitarbeiterbefragungen: Mehr als einfach nur Meinungsumfragen. Instrumente, Konzepte, Durchführung, in: Personalführung 28 (1995), 728-740.

[192] vgl. *Hossiep, Rüdiger/Frieg, Philip,* Erstmalige Durchführung einer Mitarbeiterbefragungen in Deutschland, Österreich und der Schweiz, in: Planung & Analyse 6 (2008), o.S.

[193] vgl. *Hossiep, Rüdiger/Frieg, Philip,* Erstmalige Durchführung einer Mitarbeiterbefragungen in Deutschland, Österreich und der Schweiz, in: Planung & Analyse 6 (2008), o.S.

[194] vgl. *Bösch, Werner,* Praxishandbuch Mitarbeiterbefragungen, Zürich (Praxium) 2011, 58.

[195] vgl. *Bösch, Werner,* Praxishandbuch Mitarbeiterbefragungen, Zürich (Praxium) 2011, 67.

[196] vgl. *Bungard, Walter/Müller, Karsten/Niethammer, Cathrin,* Mitarbeiterbefragung – was dann...?, Heidelberg (Springer) 2007, 27.

[197] vgl. *Bösch, Werner,* Praxishandbuch Mitarbeiterbefragungen, Zürich (Praxium) 2011, 63.

[198] vgl. *Bösch, Werner,* Praxishandbuch Mitarbeiterbefragungen, Zürich (Praxium) 2011, 67.

[199] vgl. *Bösch, Werner,* Praxishandbuch Mitarbeiterbefragungen, Zürich (Praxium) 2011, 67.

[200] vgl. *Domsch, Michael E./Ladwig, Désirée H.,* Mitarbeiterbefragungen – Stand und Entwicklung, in: *Domsch, Michael E./Ladwig, Désirée H.,* Handbuch Mitarbeiterbefragung, Berlin - Heidelberg - New York (Springer) 2. Aufl. 2006, 9.

[201] vgl. *Bösch, Werner,* Praxishandbuch Mitarbeiterbefragungen, Zürich (Praxium) 2011, 69.

[202] vgl. *Bösch, Werner,* Praxishandbuch Mitarbeiterbefragungen, Zürich (Praxium) 2011, 79.

[203] vgl. *Görtler, Edmund/Rosenkranz,, Doris,* Mitarbeiter- und Kundenbefragungen, München - Wien (Hanser) 2006, 57.

[204] *Domsch, Michael E./Ladwig, Désirée H.,* Mitarbeiterbefragungen – Stand und Entwicklung, in: *Domsch, Michael E./Ladwig, Désirée H.,* Handbuch Mitarbeiterbefragung, Berlin - Heidelberg - New York (Springer) 2. Aufl. 2006, 9-10.

[205] vgl. *Domsch, Michael E./Ladwig, Désirée H.,* Mitarbeiterbefragungen – Stand und Entwicklung, in: *Domsch, Michael E./Ladwig, Désirée H.,* Handbuch Mitarbeiterbefragung, Berlin - Heidelberg - New York (Springer) 2. Aufl. 2006, 10-11.

[206] vgl. z. B. *Field, Andy,* Discovering Statistics Using SPSS: and Sex and Drugs and Rock'n'Roll, Los Angeles (Sage) 3. Aufl. 2009, 11-12.

[207] vgl. z. B. *Field, Andy,* Discovering Statistics Using SPSS: and Sex and Drugs and Rock'n'Roll, Los Angeles (Sage) 3. Aufl. 2009, 11-12.

[208] vgl. *Fields, Dail L.*, Taking the Measure at Work. A Guide to Validated Scales for Organizational Research and Diagnosis, California – London – New - Delhi (Sage Publications) 2002, 12.

[209] vgl. *Quinn, Robert P./Shepard, Linda J.*, The 1972-73 Quality of Employment Survey. Descriptive Statistics, with Comparison Data from the 1969-70 Survey of Working Conditions, Ann Arbor, Michigan Institute for Social Research, Survey Research Center, 1974.

[210] vgl. *Pond, Samuel B. III./Geyer, Paul D.*, Employee Age as Moderator of the Relation between Perceived Work Alternatives Job Satisfaction, in: Journal of Applied Psychology 72 (4/1987), 552-557.

[211] vgl. *Pond, Samuel B. III./Geyer, Paul D.*, Employee Age as Moderator of the Relation between Perceived Work Alternatives Job Satisfaction, in: Journal of Applied Psychology 72 (4/1987), 552-557, hier: 554.

[212] vgl. *Eisenberger, Robert et al., Debora*, Perceived Organizational Support, in: Journal of Applied Psychology 71 (1986), 500-507.

[213] vgl. *Eisenberger, Robert et al.*, Perceived Organizational Support, Discretionary Treatment and Job Satisfaction, in: Journal of Applied Psychology 82 (1997), 812-820.

[214] vgl. *Hutchison, Steven*, Perceived Organizational Support: Further Evidence of Construct Validity, in: Educational and Psychological Measurement 57 (1997), 1025-1034.

[215] vgl. *Eisenberger, Robert et al.*, Perceived Organizational Support, Discretionary Treatment and Job Satisfaction, in: Journal of Applied Psychology 82 (1997), 814.

[216] vgl. *Hutchison, Steven*, Perceived Organizational Support: Further Evidence of Construct Validity, in: Educational and Psychological Measurement 57 (1997), 1028.

[217] vgl. *Nübeling, Matthias et al.*, Dokumentation 2a: Lange Version: Reliabilitätsanalyse Skalen COPSOQ Befragung, im Internet: http://www.copsoq.de/data/doku2a_relialong_210705.pdf, abgerufen am 11.07.2011,11.

[218] vgl. *Fields, Dail L.*, Taking the Measure at Work. A Guide to Validated Scales for Organizational Research and Diagnosis, California (Sage Publications) 2002, 12-15.

[219] vgl. *Pond, Samuel B. III./Geyer, Paul D.*, Employee Age as Moderator of the Relation Between Perceived Work Alternatives Job Satisfaction, in: Journal of Applied Psychology 72 (4/1987), 552-557, hier: 554.

[220] vgl. *Eder, Paul/Eisenberger, Robert*, Perceived Organizational Support: Reducing the Negative Influence of Coworker Withdrawal Behavior, in: Journal of Management 34 (2008), 55-65, hier: 58.

[221] vgl. *Eisenberger, Robert,* Format for the 8-item Survey of Perceived Organizational Support, im Internet: http://eisenberger.psych.udel.edu/POS.html, abgerufen am 11.07.2011.

[222] vgl. *Nübling, Matthias/Stoessel, Ulrich/Michaelis, Martina,* Messung von Führungsqualität und Belastungen am Arbeitsplatz: Die deutsche Standardversion des COPSOQ (Copenhagen Psychosocial Questionnaire), in: *Badura, Bernhard et al.* (Hrsg.), Fehlzeiten-Report 2009. Arbeit und Psyche: Belastungen reduzieren – Wohlbefinden fördern. Zahlen, Daten, Analysen aus allen Branchen der Wirtschaft, Heidelberg (Springer) 2009, 254.

[223] vgl. *Nübling, Matthias et al.,* Erprobung eines Messinstruments (COPSOQ), Schriftenreihe der Bundesanstalt für Arbeitsschutz und Arbeitsmedizin Fb 1058, Dortmund – Berlin – Dresden (Wirtschaftsverlag NW) 2005, 19, 121.

[224] vgl. *Borg, Ingwer,* Mitarbeiterbefragungen – kompakt, Göttingen (Hogrefe) 2002, 47-50.

[225] vgl. *Borg, Ingwer,* Mitarbeiterbefragungen – kompakt, Göttingen (Hogrefe) 2002, 47-50.

[226] vgl. *Borg, Ingwer,* Mitarbeiterbefragungen – kompakt, Göttingen (Hogrefe) 2002, 47-50.

[227] vgl. *Borg, Ingwer,* Mitarbeiterbefragungen – kompakt, Göttingen (Hogrefe) 2002, 47-50.

[228] vgl. *Bögel, Rudolf/von Rosenstiel, Lutz,* Die Entwicklung eines Instruments zur Mitarbeiterbefragung: Konzept, Bestimmung der Inhalte und Operationalisierung, in: *Bungard, Walter/Jöns, Ingela* (Hrsg.), Mitarbeiterbefragung. Ein Instrument des Innovations- und Qualitätsmanagements, Weinheim (Beltz) 1997, 84-96, hier: 94.

[229] vgl. *Stevens, Stanley,* On the Theory of Scales of Measurement, in: Science 103 (1946), 677-680, hier: 678.

[230] vgl. *Faulbaum, Frank/Prüfer, Petra/Rexroth, Margrit,* Was ist eine gute Frage?, Wiesbaden (VS Verlag für Sozialwissenschaften) 2009, 21.

[231] vgl. *Faulbaum, Frank/Prüfer, Petra/Rexroth, Margrit,* Was ist eine gute Frage?, Wiesbaden (VS Verlag für Sozialwissenschaften) 2009, 21.

[232] vgl. *Davies, Randall S.,* Designing a Response Scale to Improve Average Group Response Reliability, in: Evaluation and Research in Education 21 (2008), 134-146, hier: 134.

[233] vgl. *Bungard, Walter/Müller, Karsten/Niethammer, Cathrin* (Hrsg.), Mitarbeiterbefragung – was dann…? MAB und Folgeprozesse erfolgreich gestalten, Heidelberg (Springer) 2007, 37.

[234] vgl. *Hodge, David R./Gillespie, David,* Phrase Completions: An Alternative to Likert Scales, in: Social Work Research 27 (2003), 45-54, hier: 47.

[235] vgl. *Thomas, R. Roosevelt/Woodriff, Marjorie I.,* Building a House for Diversity: A Fable about a Giraffe & Elephant Offers New Strategies for Today's Workforce, New York (AMACOM) 1999.

6 Folgeprozesse

Wie bereits im vorangegangenen Kapitel erwähnt wurde, darf die Mitar-beiterbefragung nicht als alleinstehendes Element betrachtet werden. Vielmehr muss der Gesamtprozess berücksichtigt werden, der auch die Kommunikation und aus der Mitarbeiterbefragung abgeleitete Handlun-gen als nachgelagerte Punkte enthält.

6.1 Kommunikation*

Die meisten Mitarbeiterbefragungen verfolgen nicht nur den Zweck der Analyse, sondern sie wollen etwas verändern. Daher sollte eine intensive Aufbereitung der Ergebnisse stattfinden.[236] Hierzu gehört die Kommuni-kation, die sich in interne und externe untergliedern lässt. Dabei gibt es wichtige Aspekte, die unbedingt beachtet werden sollten.

6.1.1 Was sollten Sie vermeiden?

Problematisch ist die Benutzung von Ergebnissen einer Mitarbeiterbefra-gung in Personalmarketingmaßnahmen wie Employer Branding. Employer Branding ist zu verstehen als eine Vermarktung der Human-ressourcen ähnlich der Vermarktung von Produkten. Eine der zentralen Aufgaben des Employer Branding ist die Rekrutierung neuer Mitarbei-ter. Ein Erfolgsfaktor dafür ist die Arbeitgeberattraktivität, die auf dem Image des Unternehmens basiert. Die zweite große Aufgabe des Emplo-yer Branding ist es, die neuen Mitarbeiter an das Unternehmen zu bin-den. Hier liegt die Herausforderung darin, dem Mitarbeiter ein mög-lichst realistisches Bild vom Unternehmen zu vermitteln.[237] Die Gefahr des Einsatzes von Mitarbeiterbefragungen in solchen Personalmarke-tingmaßnahmen besteht darin, dass die Mitarbeiterbefragung in diesem Fall nur mit dem Ziel durchgeführt wird, möglichst positive Ergebnisse zu liefern, denn es gilt für die Unternehmen das Ziel, möglichst effektiv zu werben.[238] Das Aufzeigen von ehrlichen und glaubwürdigen Ergebnissen ist somit fragwürdig. Die Folge ist, dass das Instrument Employer Branding ungeeignet ist in Bezug auf die externe Kommunikation der Ergebnisse einer Mitarbeiterbefragung. Selbiges gilt des Weiteren auch für Unternehmensrankings wie beispielsweise das Good Company Ranking als Instrument der externen Kommunikation. Zielsetzung der Verantwortlichen dieses Rankings ist die verbindliche und möglichst ausgewogene Beurteilung der unternehmerischen Verantwortung. Diese wird in diesem Fall definiert als Verantwortung gegenüber der Gesellschaft, den Mitarbeitern, der Umwelt, sowie gegenüber dem Kapitalmarkt.[239] Aus Sicht der Unternehmen sind solche Rankings jedoch ein Mittel der Werbung in eigener Sache. Auch hier muss die Glaubwürdigkeit der Ergebnisse einer Mitarbeiterbefragung, die für ein solches Ranking angefertigt wird, angezweifelt werden.

Ebenso sind bei der Auswahl der veröffentlichten Informationen die limitierten kognitiven Kapazitäten der Rezipienten sowie der Zeitfaktor bei der Sichtung der Daten zu beachten. Dieser Informationsüberschuss führt dazu, dass die wichtigsten Informationen nicht wahrgenommen werden. Werden auf der anderen Seite zu wenige Informationen publiziert, gestaltet sich die Interpretation für den Mitarbeiter auch schwierig bis unmöglich, da unter Umständen die für ihn relevanten Informationen fehlen. Wichtig für die Mitarbeiter sind nicht die genauen statistischen Ergebnisse. Sie sind primär daran interessiert, wie das Management die Situation einschätzt und welche Folgen sich daraus ergeben.[240] Somit muss insgesamt ein Mittelweg zwischen Informationsflut und zu wenigen Daten gefunden werden.

6.1.2 Wie sollten Sie kommunizieren?

Mindestens ebenso wichtig wie die Frage, was kommuniziert wird, ist die Art der Kommunikation. Durch sie kann bereits beeinflusst werden, wie eine Botschaft vom Rezipienten interpretiert wird.

Expertenmeinung als Spezialisierung

In der heutigen Zeit wird ein immer größeren Wert auf die Analyse der Daten einer Mitarbeiterbefragung gelegt. Daher wird diese oft durch externe Experten durchgeführt, die ihre Ergebnisse dann in Form einer Präsentation an die Unternehmensleitung weitergeben und somit den Grundstein für Folgeprozesse legen.[241] Dabei stellt ein Experte die Ergebnisse aus der Umfrage dar, schlägt aber keine inhaltlichen Lösungen vor, wie das Unternehmen nun zu handeln hat. Er sollte jedoch fähig sein, Hintergründe von Lösungsvorschlägen der Organisation zu verstehen und diese – aufgrund seines Wissens aus anderen Firmen und den Erfahrungen, die je nach Lösungsweg gemacht wurden – bewerten zu können. Durch die Expertenmeinung werden somit Diskussionsansätze und Denkanstöße geliefert, jedoch keine fertige Lösung.[242]

Workshops als gruppendynamische Aufbereitung

Der Workshop als Folgeprozess einer Mitarbeiterbefragung dient der Rückspiegelung, dem Verständnis, der Aufbereitung und der Konkretisierung der Ergebnisse und Erarbeitung von Handlungsmaßnahmen. Die Gestaltung kann ganz individuell vorgenommen werden, wobei die Vorgehensweise dabei von den zu erreichenden Zielen des Unternehmens abhängt. Dabei soll durch Diskussionsphasen eine Ausgangssituation geschaffen werden, die möglichst transparent für anschließende Aktionen und Reaktionen ist.[243]

Bei der Zusammenstellung von Teilnehmern kann es sich um eine Abteilung, einen Funktionsbereich, ein Team oder eine Gruppe handeln. Es sollte aber darauf geachtet werden, dass die Anzahl der Teilnehmer nicht aus mehr als 15 bis 20 Personen besteht.[244]

Bei der Darstellung der Informationen für die weitere Erarbeitung von Handlungsmaßnahmen bietet sich eine Präsentation von Grafiken und Tabellen mittels Präsentationssoftware an. Somit entfällt eine zeitraubende Aufbereitung vor Ort. Neben Präsentationssoftware eignet sich der Einsatz einer Tabellenkalkulation, um beispielsweise Berichte vorzuhalten, die zur interaktiven Beantwortung sich eventuell ergebender Fragen genutzt werden können.[245]

Während der Erarbeitung von Handlungsmaßnahmen sollten auch diejenigen Punkte angesprochen und mit Argumenten belegt werden, die zum jetzigen Zeitpunkt nicht geändert werden können.[246]

Betriebsversammlung als Gesamtinformationsquelle

Eine Betriebsversammlung für einzelne Geschäftsbereiche wird eingesetzt um spezifischere Ergebnisse zu vermitteln.[247] Durch die Face-to-Face-Kommunikation bei einer Betriebsversammlung werden die Informationen reichhaltig übertragen.[248] Allerdings bedeutet dies auch einen erheblichen Zeitaufwand der mit Kosten verbunden ist. Auch die Synchronität ist hierbei gegeben. Die Mitarbeiter können sich aktiv an dem Gespräch beteiligen und ihre Fragen klären. Generell kann man sagen, dass eine Betriebsversammlung im Vorhinein eine gründliche Vorbereitung benötigt. Des Weiteren ist eine anschließende Aufbereitung von großer Bedeutung, um zu einem guten Ergebnis zu gelangen.[249]

Intranet zur aktuellen Informationslage

Als Vorteil des Intranets kann angeführt werden, dass sich der Mitarbeiter zu gegebener Zeit informieren kann, das heißt es entsteht eine hohe Flexibilität der Kommunikation und es muss keine Terminkoordination stattfinden.[250] Hierbei können zum einen Informationen an einem Schwarzen Brett veröffentlicht werden oder aber auch die Versendung von E-Mails ist möglich. Die Berichte können über die elektronische Form schneller und kostengünstiger über das Intranet verteilt werden. Es ist allerdings darauf zu achten, dass diese einen Dokumentcharakter haben um Manipulationen vorzubeugen.[251] Schwierigkeiten bei dieser Art der Kommunikation ergeben sich allerdings dadurch, dass es Mitarbeiter im Unternehmen gibt, die keinen PC-Zugriff haben, wie zum Beispiel die Produktionsmitarbeiter.[252]

Unternehmenszeitung als Überblick

Eine Unternehmenszeitung sollte verwendet werden, wenn eindeutige Informationen vermittelt werden sollen. Sind die Informationen nicht eindeutig, so können hierdurch schnell Missverständnisse entstehen.[253] Daher wird eine Unternehmenszeitung oft von der Geschäftsleitung dazu verwendet, über allgemeine Ergebnisse und Reaktionen zu informieren.[254] Die Schilderung der Ergebnisse ist sachbetont, das heißt kritische Sachverhalte werden nicht hinterfragt.[255] Eine Darstellung in der Unternehmenszeitung kann auch ein Interview zum Beispiel mit der Geschäftsleitung sein, die ihre Sicht der Umfrage schildert.

Auch wenn eine ausführliche Darstellung der Ergebnisse in einer Unternehmenszeitschrift nicht erfolgt, so ist sie doch eins der verbreitetsten und angesehensten Instrumente zur Mitarbeiterkommunikation.[256]

Publikationen als externe Kommunikation

Im Rahmen einer Betrachtung der Publikationen der DAX-30 Unternehmen im Jahre 2011 hat sich gezeigt, dass es bezüglich der externen Kommunikation der Ergebnisse der Mitarbeiterbefragung ausreichend ist, im Reporting grundlegende Ergebnisse wie Beteiligung oder Commitment zu kommunizieren. Das Ziel der Unternehmenskommunikation liegt darin, die Wahrnehmung der Anspruchsgruppen zu beeinflussen. Dies geschieht dadurch, dass versucht wird, mittels des Reportings ein positives Image aufzubauen beziehungsweise dieses zu behalten.[257] Eine wesentlich ausführlichere Darstellung ist jedoch nicht notwendig, da die Mitarbeiterbefragung ein eher intern gerichtetes Instrument ist und nicht ein Instrument des Personalmarketings. Dagegen spricht des Weiteren noch, dass es den Stakeholdern oftmals ohnehin schwer fällt, notwendige Informationen aus den Berichten zu filtern.[258]

6.1.3 Worauf sollten Sie achten?

Für eine erfolgreiche Kommunikationsstrategie müssen die Aspekte der Medientheorien in Verbindung mit den eingesetzten Instrumenten zur Kommunikation von Ergebnissen einer Mitarbeiterbefragung in der jeweiligen Situation gebracht werden.

Hierbei ist bei den eingesetzten Instrumenten zur Kommunikation auf das Kommunikationsverhalten des Senders und die Wirkung beim Empfänger zu achten.[259]

Weiterhin spielen verschiedene Kriterien zur Eignung eines Mediums eine Rolle.

> Der *Media-Richness-Ansatz* von *Daft* und *Lengel* zeigt den unterschiedlichen Einsatz von Medien für verschiedene Aufgaben in verschiedenen Situationen[260] und somit den Einfluss auf den Kommunikationsprozess auf.[261]

Bei diesem Ansatz wird auf die Reichhaltigkeit eines Mediums abgezielt Das bedeutet, dass bei der Auswahl auf die Unmittelbarkeit des Feedbacks, die Anzahl der Kanäle, die Vielfältigkeit der Sprache sowie der Einfluss der Persönlichkeit in der Kommunikation mit einfließt. Zu beachten ist, dass bei geringer Komplexität der Kommunikationsaufgabe nicht zu reichhaltige Medien verwendet werden, da es dann zu einer Overcomplication kommt, das heißt die Teilnehmer werden durch die Reichhaltigkeit des Mediums abgelenkt. Im umgekehrten Fall kann es hingegen zu einer Oversimplification kommen, das heißt die Information kann durch das gewählte Medium nicht akzeptabel übertragen werden, was Abbildung 6 verdeutlicht.[262]

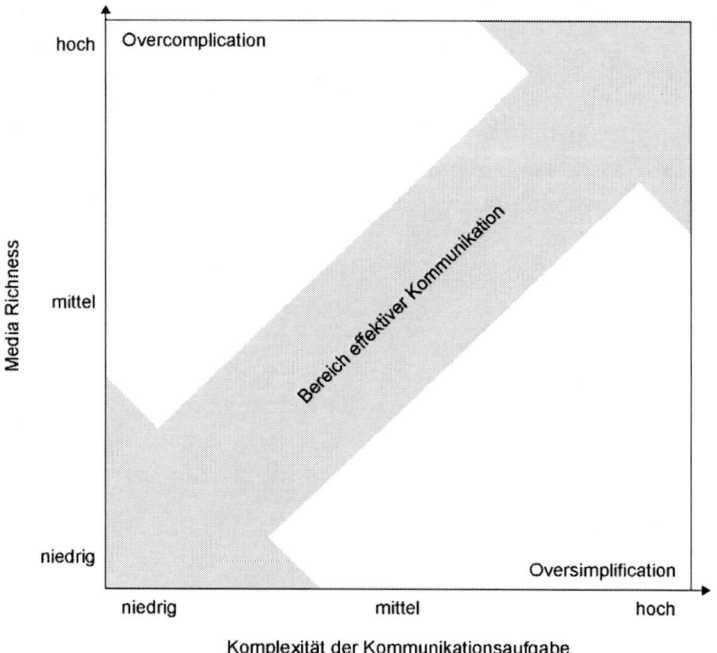

Abbildung 6: Media-Richness-Theory[263]

Ein weiterer Aspekt, der in die Media-Richness-Theory mit einfließt, ist die Synchronität, die in der Synchronicity-Theory behandelt wird. Hierbei wird die Vermittlung einer Vielzahl von Informationen an mehrere Personen einer Gruppe beschrieben.

> Die *Synchronicity-Theory* stellt im Gegensatz zum Media-Richness-Ansatz den Prozess der Kommunikation und dessen Anforderungen an die Informationsverarbeitungskapazität in den Mittelpunkt.[264]

Unter Berücksichtigung der Medientheorien kann man die Aussage treffen, dass bei der Auswahl der Medien auf die mediale Reichhaltigkeit, die Komplexität der Kommunikationsaufgabe, die Synchronität der Kommunikation sowie die Art des Empfangs der Nachrichten geachtet werden muss.

Eine genaue Analyse der einsetzbaren Medien ist daher im Vorhinein vorzunehmen. Man sollte sich dabei nicht nur auf ein Medium beschränken, sondern mehrere Informationskanäle benutzen.[265] Daher ist es wichtig, die besonderen Eigenschaften des jeweiligen Kommunikationsinstruments zu beachten.

6.1.4 Wie müsste man kommunizieren?

Die verschiedenen Medien der Ergebnispräsentation können verschiedenen Stellen des effektiven Kommunikationsbereichs zugeordnet werden (Abbildung 7).

Das Experteninterview zeichnet sich etwa durch eine hohe Komplexität der Kommunikationsaufgabe aufgrund des Rohzustands der Daten aus. Der direkte Face-to-Face-Kontakt zwischen externem Berater und Unternehmensleitung schlägt sich in hoher Reichhaltigkeit nieder.

Der Workshop fördert durch seine Diskussionsrunden einen regen Austausch zwischen den Teilnehmern und spiegelt somit eine hohe Reichhaltigkeit wider. Die Komplexität der Kommunikationsaufgabe ergibt sich aus der Schwierigkeit der Erarbeitung von Handlungsmaßnahmen.

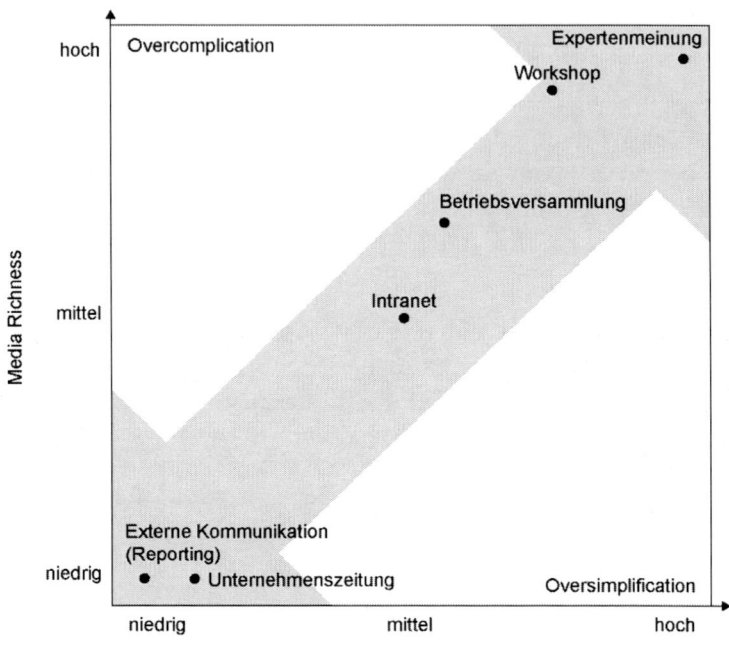

Abbildung 7: Einordnen der Instrumente zur Kommunikation in den effektiven
Kommunikationsbereich

Die Betriebsversammlung ist als weiteres Instrument des Face-to-Face-Kontaktes zu nennen. Die Feedback-Situation ändert sich aufgrund der Anzahl an Teilnehmern im Vergleich zu Workshops. Das Nachfragen seitens der Mitarbeiter ist zwar gegeben, allerdings ist die Möglichkeit einer Diskussion eingeschränkt. Die Ergebnisse werden anschaulich und für alle verständlich in Form von Zusammenfassungen und Grafiken präsentiert. Daher ist die Komplexität im mittleren Bereich anzusiedeln.

Das Intranet bietet durch seine verschiedenen flexiblen Informationsvermittlungswege ein breites Spektrum der Kommunikation. Es besteht die Möglichkeit des Feedbacks, allerdings geschieht dies zeitverzögert. Daher lässt sich eine mittlere Reichhaltigkeit feststellen. Da es sich um ein schriftliches Medium handelt, ist es für den Austausch von sehr komplexen Aufgaben nur beschränkt einzusetzen.

Die Unternehmenszeitung verfolgt mit einem Artikel den Zweck einer all-gemeinen Darstellung zum Thema Mitarbeiterbefragung. Hierbei werden keine komplexen Zusammenhänge erläutert und ein Informationsaustausch wie bei einer Face-to-Face-Kommunikation findet nicht statt. Daher lässt sie sich im niedrigen Bereich der Komplexität und Reichhaltigkeit einord-nen.

Das Reporting als externe Kommunikationsmaßnahme ist eine einseitige Informationsmaßnahme. In kurzer Form werden die Ergebnisse für Sta-keholder dargestellt. Direktes Feedback seitens des Unternehmens wird nicht angestrebt. Hier findet somit eine Einordnung im Bereich der nied-rigen Komplexität und Reichhaltigkeit statt.

6.2 Aktion[*]

Zur erfolgreichen Realisierung von Veränderungsprozessen im Unter-nehmen sollte nach Durchführung der Befragung die Umsetzung von Aktionen angestrebt werden. Vor allem für die Motivation der Mitarbei-ter ist es entscheidend, dass auf Grundlage der Befragungsergebnisse an der Realisierung konkreter Handlungsmaßnahmen gearbeitet wird.

6.2.1 Akzeptanz abschätzende Einordnung

Ausschlaggebend für die erfolgreiche Realisierung eines Veränderungs-prozesses im Unternehmen sind die Reaktionen der Mitarbeiter. In der Praxis lassen sich fünf verschiedene Arten von Reaktionen auf Verände-rungen feststellen[266]: Begeisterung (10 %), Zustimmung (22 %), Neutrali-tät (28 %), Skepsis (26 %), Ablehnung (13 %).

Generell überwiegen neutrale Einstellungen. Ausschlaggebend für die er-folgreiche Durchführung von Veränderungsprozessen sind jedoch die beiden extremen Reaktionsausprägungen Begeisterung und Ablehnung. Deshalb ist es vor allem wichtig, diese mit Hilfe von Mitarbeiterbefra-

[*] Kristina Nolte

gungen zu messen. In Abhängigkeit der Befragungsergebnisse sind unterschiedliche Veränderungsmaßnahmen abzuleiten:

- Zeigt die Befragung, dass die Mitarbeiter die Veränderung voll und ganz unterstützen, sind trotzdem die Gründe dafür zu erforschen, weil sich Commitment aus den falschen Gründen negativ auf das Mitarbeiterverhalten auswirken kann. Abhängig davon, welche Ausprägungen überwiegen, sind Folgemaßnahmen wie die Steigerung des Commitment (z.B. über Verbesserung der Mitarbeiter-Führungskraft-Beziehung) abzuleiten.

- Zeigen die Ergebnisse Widerstände seitens der Mitarbeiter an, sind abhängig von der Widerstandsform und dem Objekt, gegen das sich der Widerstand richtet, Gegenmaßnahmen einzuleiten. Ein Beispiel[267]: Wenn die Ergebnisse zeigen, dass die Mitarbeiter die Veränderung nicht unterstützen, weil sie diese nicht verstehen, kann diese Form von Widerstand einfach durch zusätzliche Erklärungen überwunden werden. Wollen (!) die Mitarbeiter die Veränderung nicht unterstützen, ist diese Maßnahme nicht Erfolg versprechend. Widerstände können zudem aufdecken, dass das Veränderungsziel mit den eingeleiteten Maßnahmen nicht erreicht werden kann. In diesem Fall sollten die Maßnahmen überdacht und neu ausgestaltet werden.

- In Einzelfällen kann das Befragungsergebnis auch darauf hinweisen, dass eine Veränderung überhaupt nicht notwendig ist, weil alle mit der Situation zufrieden sind. Wird dies auch aus wirtschaftlicher Sicht unterstützt, dann wäre es sinnvoll, den Prozess gar nicht erst einzuleiten beziehungsweise ihn abzubrechen.

- Kommt bei einer Befragung nach erfolgreicher Implementierung der Veränderung ans Licht, dass die Belegschaft immer noch nicht mit den neuen Strukturen zurechtkommt, ist zu überlegen ob es sinnvoller sein könnte, wieder zum ursprünglichen Zustand zurückzukehren.

- Wird über den Abbruch oder die Wiederherstellung der früheren Strukturen nachgedacht, sollten Folge- und Opportunitätskosten nicht außer Acht gelassen werden.

In jedem Fall ist es wichtig, dass die Reaktionen der Mitarbeiter berücksichtige werden. Werden diese – weil „unpassend" – ausgeblendet, so ist die Standhaftigkeit des gesamten Change Prozesses in Frage zu stellen.

6.2.2 Situative Spezifizierung

Im Rahmen der Durchführung von Aktionen nach der Mitarbeiterbefragung soll hier Bezug auf die bereits in Kapitel 3.3 erläuterte Darwiportunismus-Matrix genommen werden. Der situative Kontext sollte beim Spezifizieren von Handlungsfeldern und Handlungsmaßnahmen beachtet werden.

- In der *guten alten Zeit* werden Handlungsmaßnahmen und Handlungsfelder in der Regel nicht festgelegt, da die Mitarbeiterbefragung nur zur Selbstbestätigung dient. Weder Mitarbeiter noch Unternehmensleitung sind auf Handlungsmaßnahmen oder das Spezifizieren von Handlungsfeldern angewiesen, da man allgemein mit der Situation in der *guten alten Zeit* zufrieden ist.

- Beim *Kindergarten* ist davon auszugehen, dass der Betriebsrat und/oder die Mitarbeiter die Handlungsfelder vorgeben, da ihre Interessen im Vordergrund stehen. Die Aufgabe der Unternehmensleitung und Personalabteilung besteht in der Umsetzung der Handlungsmaßnahmen. Es werden primär solche Handlungsfelder verlangt, welche die Zufriedenheit der Mitarbeiter erhöhen.

- Beim *Feudalismus* legt alleine die Unternehmensleitung mit eventueller Unterstützung der Personalabteilung die Handlungsfelder und Handlungsmaßnahmen fest. Die Mitarbeiter müssen diese abgeleiteten Maßnahmen umsetzen, unabhängig davon, ob sie dies wollen oder für sinnvoll erachten. Primär geht es um solche Handlungsfelder und Handlungsmaßnahmen, welche im Interesse der Unternehmensleitung sind, sich also auf Schwachstellen innerhalb des Unternehmens beziehen.

- Im *Darwiportunismus pur* werden gemeinsam Handlungsfelder und Handlungsmaßnahmen abgeleitet. Es werden nur solche Bereiche aufgegriffen, die die Ziele des Unternehmens sowie die der Mitarbeiter betreffen und tatsächlich vorantreiben. Mit den Maßnahmen soll sowohl der betriebliche Prozess als auch die Zufriedenheit der Mitarbeiter optimiert werden.

Obige Ausführungen verdeutlichen die Wichtigkeit der Anpassung von Handlungsfeldern und Handlungsmaßnahmen an situative Faktoren, wie sie im Sinne der Darwiportunismus-Matrix durch Ausprägungen des Opportunismus und Darwinismus entstehen können.

6.2.3 Problembezogene Priorisierung

Um eine sinnvolle Selektion der in Frage kommenden Handlungsfelder vornehmen zu können, ist es wichtig zu bestimmen, welcher Handlungsbedarf konkret besteht und welche Handlungschancen sich für das Unternehmen durch die Bearbeitung bestimmter Themenfelder ergeben. Hierzu sollten die Handlungsfelder im Hinblick auf ihre Bedeutung für das Erreichen der Unternehmensziele betrachtet werden.

Außerdem sollte bei der Erarbeitung von Handlungsmaßnahmen über eine zeitliche Priorisierung ausgewählter Handlungsfelder entschieden werden. Darüber hinaus ist zu berücksichtigen, dass die im Unternehmen befragten Mitarbeiter in der Regel erwarten, dass nach Durchführung der Befragung auch Veränderungsmaßnahmen auf Basis der Umfrageergebnisse realisiert werden. Deshalb ist es zu empfehlen, zunächst diejenigen Themen zu bearbeiten, bei denen eine zeitnahe Umsetzung ohne größeren Aufwand möglich ist. Durch diese schnelle Realisierung erster Veränderungen kann die Motivation der Mitarbeiter gesteigert werden, da ihnen gezeigt wird, dass ihre mit der Befragung zum Ausdruck gebrachten Ansichten und Wünsche ernst genommen werden.

Aus Handlungsfeldern und Handlungsmaßnahmen ergeben sich aus der Kombination der zwei Dimensionen „Zeitnähe" und „Wichtigkeit" folgende Handlungsempfehlungen:

- Die höchste Priorität haben die Felder und Maßnahmen, bei denen die Gewährleistung der zeitlichen Nähe und der Wichtigkeit gleichzeitig erfüllbar sind.

- Die Bearbeitung der Felder „wichtig und nicht zeitnah" sowie „zeitnah und nicht so wichtig" kann einzelfallspezifisch im Unternehmen entschieden werden.

- Maßnahmen, die nicht zeitnah durchgeführt werden können und außerdem nicht besonders wichtig sind, stehen an letzter Stelle der Maßnahmenableitung und -umsetzung und können somit auch delegiert werden.

Es sollte jedoch stets bedacht werden, dass bezüglich der Aspekte „Zeitnähe" und „Wichtigkeit" sehr unterschiedliche Auffassungen vorliegen
können.

6.2.4 Kontextuale Verknüpfung

Eine Möglichkeit, die verschiedenen Handlungsfelder in Bezug auf ihre
Bedeutsamkeit für den Unternehmenserfolg zu bewerten, ist die Nutzung von „Linkage Research". Das Ziel von Linkage Research ist es, Zusammenhänge von aus der Mitarbeiterbefragung gewonnenen Daten mit
anderen unternehmensrelevanten Daten zu untersuchen, um so diejenigen Themengebiete zu identifizieren, die besonders mit für den Unternehmenserfolg wichtigen Ergebnisvariablen verbunden sind. Nachdem
diese Verbindungen identifiziert worden sind, können die Aspekte des
Arbeitsumfeldes, die bedeutende Zusammenhänge mit für das Unternehmen wichtigen Erfolgsgrößen aufweisen, als Handlungsfelder bei der
anschließenden Maßnahmenplanung priorisiert werden.[268]

In bisherigen Forschungsarbeiten zum Thema Linkage Research ist gezeigt worden, dass bedeutende Auswirkungen von Mitarbeiterzufriedenheit auf die Leistung vorliegen, die, gemessen auf der Ebene des Unternehmens, von noch stärkerem Ausmaß sind, als auf der Ebene des einzelnen Mitarbeiters.[269] Es konnte außerdem belegt werden, dass es nur
bestimmte Faktoren der Mitarbeiterzufriedenheit sind, die sich konkret
auf die Leistung der Mitarbeiter auswirken.[270] Es ergibt sich somit die
Chance, diejenigen Merkmale des Arbeitsumfeldes zu identifizieren, die
sich auf die Leistungsbereitschaft der Mitarbeiter auswirken, um diese
durch die Wahl von Handlungsmaßnahmen gezielt zu beeinflussen. Dies
verdeutlicht, warum die Analyse von Mitarbeiterbefragungsergebnissen
mit anschließender Ableitung und Umsetzung von Handlungsmaßnahmen ein wichtiges Instrument zur Steuerung des Unternehmenserfolges
sein kann, indem gezielt Prädiktoren für den Unternehmenserfolg identifiziert und im Anschluss beeinflusst werden können.[271]

Um derartige Zusammenhangsanalysen Erfolg versprechend als Ent-
scheidungskriterium bei der Auswahl von Handlungsfeldern zu nutzen,
ist es empfehlenswert die Analysen im eigenen Unternehmen durchzu-

führen, da sich die konkreten Ausprägungen der Wirkungszusammenhänge in verschiedenen Organisationen unterscheiden.[272]

6.2.5 Handlungsorientierte Kontrolle

Nach der Wahl einzelner Handlungsmaßnahmen ist es außerdem wichtig, dass eine Kontrolle der gewählten Maßnahmen stattfindet. Zum einen sollte hier eine Fortschrittskontrolle durchgeführt werden, um sicherzustellen, dass die Realisierung der vereinbarten Aktionen nicht durch das laufende Tagesgeschäft im Unternehmen verdrängt wird.[273] Hierzu ist es empfehlenswert, umgesetzte Handlungsmaßnahmen fortlaufend zu dokumentieren und außerdem unternehmensweit zu kommunizieren, um hierdurch auch bei den Mitarbeitern für eine gesteigerte Akzeptanz des durch die Mitarbeiterbefragung angestoßenen Veränderungsprozesses zu sorgen.[274]

Zum anderen kommt außerdem der Ergebniskontrolle realisierter Maßnahmen eine wichtige Rolle zu. Hierbei geht es darum, den Erfolg umgesetzter Maßnahmen zu überprüfen, damit bei Bedarf Veränderungen vorgenommen werden können.[275] Zur Beurteilung des Erfolges können verschiedene Unternehmenskennzahlen als objektive Daten genutzt werden, indem untersucht wird, ob nach Umsetzung der Aktionen eine Verbesserung dieser Kennzahlen erzielt werden konnte. Problematisch bei dieser Vorgehensweise ist allerdings, dass generell nur schwer feststellbar ist, inwieweit die Veränderung bestimmter Kennzahlen auf die aufgrund der Mitarbeiterbefragung durchgeführten Verbesserungsmaßnahmen zurückzuführen ist, da derartige Kennzahlen meist vielen verschiedenen Einflüssen unterliegen.[276]

Aus diesem Grund kann es vorteilhaft sein, subjektive Daten zur Erfolgsbewertung umgesetzter Maßnahmen heranzuziehen. Dies kann geschehen, indem mittels erneut durchgeführter Mitarbeiterbefragungen untersucht wird, ob eine Steigerung der Zufriedenheit in den entsprechenden Themengebieten eingetreten ist.

Quellennachweis

[236] vgl. *Borg, Ingwer*, Mitarbeiterbefragungen – kompakt, Göttingen etc. (Hogrefe) 2002, 15.

[237] vgl. *Tomczak, Torsten/von Walter, Benjamin/Wentzel, Daniel*, Wege zu einem effektiven und verantwortungsvollen Employer Branding, in: *Jarolimek, Stefan/Raupp, Juliane/Schultz, Friederike* (Hrsg.), Handbuch CSR, Wiesbaden (VS Verlag für Sozialwissenschaften) 2011, 327-343.

[238] vgl. *Sartain, Libby*, „Branding from the Inside out at Yahoo!: HR's Role as Brand Builder", in: Human Resource Management 44 (2005), 90.

[239] vgl. *Gazdar, Kaevan*, Das Good-Company-Ranking im internationalen Vergleich, in: *Habisch, André et al.* (Hrsg.), Erfolgsfaktor Verantwortung, Heidelberg (Springer) 2006, 56-57.

[240] vgl. *Borg, Ingwer*, Mitarbeiterbefragungen – kompakt, Göttingen etc. (Hogrefe) 2002, 59-60.

[241] vgl. *Borg, Ingwer*, Mitarbeiterbefragungen – kompakt, Göttingen etc. (Hogrefe) 2002, 76.

[242] vgl. *Borg, Ingwer*, Mitarbeiterbefragungen. Strategisches Aubfbau- und Einbindungsmanagement, Göttingen (Hogrefe) 1995, 41.

[243] vgl. *Borg, Ingwer*, Mitarbeiterbefragungen – kompakt, Göttingen etc. (Hogrefe) 2002, 94-96.

[244] vgl. *Burkert, Carola*, Qualitätskriterien einer Mitarbeiterbefragung untersucht am Beispiel von Total-Quality-Management, Diss. Aachen (Shaker) 2001, 200.

[245] vgl. *Borg, Ingwer*, Mitarbeiterbefragungen – kompakt, Göttingen etc. (Hogrefe) 2002, 75.

[246] vgl. *Burkert, Carola*, Qualitätskriterien einer Mitarbeiterbefragung untersucht am Beispiel von Total-Quality-Management, Diss. Aachen (Shaker) 2001, 200.

[247] vgl. *Deitering, Franz*, Folgeprozesse bei Mitarbeiterbefragungen, Diss. München/Mering (Hampp) 2006, 80.

[248] vgl. *Sassenberg, Kai*, Formen und Bedeutung elektronischer Kommunikation im Unternehmen, in: *Hertel, Guido/Konradt, Udo* (Hrsg.), Human Resource Management im Inter- und Intranet, Göttingen etc. (Hogrefe) 2004, 92-95.

[249] vgl. *Klöfer, Franz*, Grundlagen: Mitarbeiterführung durch Kommunikation, in: *Klöfer, Franz/Nies, Ulrich* (Hrsg.), Erfolgreich durch interne Kommunikation. Mitarbeiter besser

informieren, motivieren und aktivieren, Neuwied - Kriftel (Luchterhand) 3. Aufl. 2001, 21-110, hier: 43.

[250] vgl. *Sassenberg, Kai,* Formen und Bedeutung elektronischer Kommunikation im Unternehmen, in: Hertel, Guido/Konradt, Udo (Hrsg.), Human Resource Management im Inter- und Intranet, Göttingen etc. (Hogrefe) 2004, 95.

[251] vgl. *Borg, Ingwer,* Mitarbeiterbefragungen – kompakt, Göttingen etc. (Hogrefe) 2002, 74.

[252] vgl. *Schick, Siegfried,* Interne Unternehmenskommunikation. Strategien entwickeln, Strukturen schaffen, Prozesse steuern, Stuttgart (Schäffer-Poeschel) 3.Aufl. 2007, 22.

[253] vgl. *Sassenberg, Kai,* Formen und Bedeutung elektronischer Kommunikation im Unternehmen, in: *Hertel, Guido/Konradt, Udo* (Hrsg.), Human Resource Management im Inter- und Intranet, Göttingen etc. (Hogrefe) 2004, 103-104.

[254] vgl. *Deitering, Franz,* Folgeprozesse bei Mitarbeiterbefragungen, Diss. München/Mering (Hampp) 2006, 80.

[255] vgl. *Meier, Philip,* Internen Kommunikation im Unternehmen. Von der Hauszeitung bis zum Intranet, Zürich (Orell Füssli) 2002, 99.

[256] vgl. *Klöfer, Franz,* Grundlagen: Mitarbeiterführung durch Kommunikation, in: *Klöfer, Franz/Nies, Ulrich,* Erfolgreich durch interne Kommunikation. Mitarbeiter besser informieren, motivieren und aktivieren, Neuwied - Kriftel (Luchterhand) 3. Aufl. 2001, 21-110, hier: 46-47.

[257] vgl. *Hooghiemstra, Reggy,* Corporate Communication and Impression Management – New Perspectives Why Companies Engage in Corporate Social Reporting, in: Journal of Business Ethics 27 (2000), 55-68, hier: 64.

[258] vgl. *Dubbink, Wim/Graafland, Johan/van Liederkerke, Luc,* CSR. Transparency and the Role of Intermediate Organisations, in: Journal of Business Ethics 82 (2008), 391-406, hier: 393.

[259] vgl. *Sassenberg, Kai,* Formen und Bedeutung elektronischer Kommunikation im Unternehmen, in: *Hertel, Guido/Konradt, Udo* (Hrsg.), Human Resource Management im Inter- und Intranet, Göttingen etc. (Hogrefe) 2004, 92-104.

[260] vgl. *Unz, Dagmar C./Schwab, Frank,* Medienpsychologie – Kommunikation, Information, Unterhaltung, in: *Scholz, Christian* (Hrsg.), Handbuch Medienmanagement, Berlin – Heidelberg – New York (Springer) 2006, 173-194, hier: 179-180.

[261] vgl. *Schwabe, Gerhard,* „Mediensynchronizität" – Theorien und Anwendung bei Gruppenarbeit und Lernen, in: *Hess, Friedrich/Friedrich, Helmut* (Hrsg.), Partizipation und Interaktion im virtuellen Seminar, Münster (Waxmann) 2001, 111-134, hier: 3.

[262] vgl. *Schwabe, Gerhard*, „Mediensynchronizität" – Theorien und Anwendung bei Gruppenarbeit und Lernen, in: *Hess, Friedrich/Friedrich, Helmut* (Hrsg.), Partizipation und Interaktion im virtuellen Seminar, Münster (Waxmann) 2001, 111-134, hier: 3-4.

[263] Abbildung nach *Pribilla, Peter/Reichwald, Ralf/Goecke, Robert*, Telekommunikation im Management. Stratgegien für den globalen Wettbewerb, Stuttgart (Schäfer-Poeschel) 1996, 21.

[264] vgl. *Schwabe, Gerhard*, „Mediensynchronizität" – Theorien und Anwendung bei Gruppenarbeit und Lernen, in: *Hess, Friedrich/Friedrich, Helmut* (Hrsg.), Partizipation und Interaktion im virtuellen Seminar, Münster (Waxmann) 2001, 111-134, hier: 5.

[265] vgl. *Sassenberg, Kai*, Formen und Bedeutung elektronischer Kommunikation im Unternehmen, in: Hertel, Guido/Konradt, Udo (Hrsg.), Human Resource Management im Inter- und Intranet, Göttingen etc. (Hogrefe) 2004, 92-104.

[266] vgl. *Capgemini/Ernst & Young*, Change Management 2003/2008. Bedeutung, Strategien, Trends, im Internet: https://www.fbi.h-da.de/fileadmin/personal/u.andelfinger/WS_06_07/IT-PM/Change-Management_study_Cap_Gemini.pdf, 05.11.2003, abgerufen am 28.04.2011.

[267] vgl. *Doppler, Klaus/Lauterburg, Christoph*, Change Management. Den Unternehmenswandel gestalten, Frankfurt/Main (Campus) 11. Aufl. 2005, 325.

[268] vgl. *Wiley, Jack W.*, Linking Survey Results to Customer Satisfaction and Business Performance, in: *Kraut, Allen I.* (Hrsg.), Organizational Surveys, San Francisco (Jossey-Bass) 1996, 330-359, hier: 351.

[269] vgl. *Ostroff, Cheri*, The Relationship Between Satisfaction, Attitudes and Performance: An Organizational Level Analysis, in: Journal of Applied Psychology 77 (1992), 963-974, hier: 968-969.

[270] vgl. *Winter, Stefanie*, Linkage Research: Zusammenhangsanalysen als Ansatzpunkt für Veränderungsprozesse, in: *Bungard, Walter/Müller, Karsten/Niethammer, Cathrin* (Hrsg.), Mitarbeiterbefragung – was dann...?, Heidelberg (Springer) 2007, 155-165, hier: 155.

[271] vgl. *Wiley, Jack W./Campbell, Bruce H.*, Using Linkage Research to Drive High Performance, in: *Kraut, Allen I.* (Hrsg.), Getting Action from Organizational Surveys, San Francisco (Jossey Bass) 2006, 150-182, hier: 179.

[272] vgl. *Winter, Stefanie*, Linkage Research: Zusammenhangsanalysen als Ansatzpunkt für Veränderungsprozesse, in: *Bungard, Walter/Müller, Karsten/Niethammer, Cathrin* (Hrsg.), Mitarbeiterbefragung – was dann...?, Heidelberg (Springer) 2007, 155-165, hier: 163.

[273] vgl. *Borg, Ingwer*, Führungsinstrument Mitarbeiterbefragung: Theorien, Tools und Praxiserfahrungen, Göttingen etc. (Hogrefe) 2. Aufl. 2000, 300.

[274] vgl. *Hodapp, Markus,* Maßnahmen-Monitoring und - Controlling, in: *Bungard, Walter/Müller, Karsten/Niethammer, Cathrin* (Hrsg.), Mitarbeiterbefragung – was dann...?, Heidelberg (Springer) 2007, 170-178, hier: 174.

[275] vgl. *Sanchez, Paul M.,* The Employee Survey: More than Asking Questions, in: Journal of Business Strategy 28 (2/2007), 48-56, hier: 54.

[276] vgl. *Hodapp, Markus,* Maßnahmen-Monitoring und -Controlling, in: *Bungard, Walter/Müller, Karsten/Niethammer, Cathrin* (Hrsg.), Mitarbeiterbefragung – was dann...?, Heidelberg (Springer) 2007, 170-178, hier: 176.

7 Wie geht es weiter? This is the End (not really)[*]

Die Mitarbeiterbefragung stellt ohne Zweifel ein wichtiges Instrument im personalwirtschaftlichen Werkzeugkasten dar. Dies gilt umso mehr, als durch

- die zunehmend einfach verfügbare Technik und
- die weitgehende Angleichung von Fragen

die Eintrittsbarrieren für die Durchführung einer Mitarbeiterbefragung auf ein absolutes Minimum sinken.

Trotzdem ist die Zukunft von wirklichen Mitarbeiterbefragungen nicht zwingend positiv einzuschätzen: Immer häufiger werden Mitarbeiterbefragungen im Sinne von Schönwetterpostkarten als Werbung eingesetzt.

Ein Beispiel dafür ist die fast schon als Unsitte zu bezeichnende Kombination von einer Mitarbeiterbefragung mit einem Arbeitgeberwettbewerb: Dabei geht es dem Unternehmen darum, in einem der vielen (kommerziellen) Arbeitgeberwettbewerbe gut abzuschneiden, um dann mit dem entsprechenden Gütesiegel zu werben. Derartige Wettbewerbe sind zwar grundsätzlich bei entsprechend professioneller Durchführung eine gute Idee, aber fatal in ihrer Verknüpfung mit einer Mitarbeiterbefragung: Denn an dieser Stelle entsteht ein extremer Zielkonflikt, da „ehrliches" Feedback der Mitarbeiter möglicherweise die Chancen des Unternehmens auf ein gutes Abschneiden im Arbeitgeberwettbewerb reduziert. Da liegt es auch nahe, wenn man die Mitarbeiter „vorsorglich" auf diesen Zusammenhang und auf den „Wunsch der Geschäftsführung" nach einem entsprechend guten Ergebnis hinweist.

Ähnlich groteskes praktiziert im Übrigen auch das Centrum für Hochschulevaluation mit seiner Befragung von Studierenden: Auch hier schneiden sich Studierende ins eigene Fleisch, wenn sie kritische Stellungnahmen abgeben, da dann ihre Hochschule ein schlechtes Ranking bekommt und somit ihre Chancen auf einen guten Arbeitsplatz sinken

---

[*] Christian Scholz

können. Wenn dann derartige Rankings in den Medien groß publiziert werden, steigt der Druck auf die Fakultätsleitungen, diesen „Zusammenhang" bei den Befragungen entsprechend eindringlich den Studierenden zu kommunizieren.

Mitarbeiterbefragungen werden also in der Durchführung einfacher und zudem manchmal unseriös mit anderen Projekten gekoppelt. Ferner gibt es generelle Probleme, die aus

– sinkender Zahl der Fragen (es soll sogar Unternehmen geben, die auf ganze 12 Fragen setzen),

– erhöhter Frequenz und

– vereinfachter Auswertung über simple Häufigkeitsverteilungen

resultieren können (das wäre ihr Ende, das tatsächlich droht), aber nicht resultieren müssen (das ist die Chance).

Genau in diesem Unterschied zwischen „können" und „nicht-müssen" liegt die Pointe der vorangegangenen Abschnitte.

Denn natürlich geht bei zunehmender Umweltdynamik der klare und richtige Trend zu weniger Fragen, rascheren Befragungsfolgen und zu klareren Auswertungen. Dies muss aber nicht verringerte Professionalität bedeuten.

Im Gegenteil: Es gibt inzwischen genug HR-spezifisches Wissen, um sich dem „Mitarbeiter als unbekanntes Wesen" angemessen zu nähern. Im Kern läuft dies – wie bereits in diesem Text mehrfach erläutert – auf folgende Postulate hinaus:

1. Ausgangspunkt für eine Mitarbeiterbefragung muss ein echtes *Erkenntnisinteresse* sein. Eine Mitarbeiterbefragung nur durchzuführen, um die Ergebnisse in eine interne/externe Kommunikationsmaßnahme einfließen zu lassen, ist Betrug an den Mitarbeitern. Umgekehrt ist aber eine gut gemachte Mitarbeiterbefragung tatsächlich ein Instrument, um etwas „Neues" über den bisher unsichtbaren Bereich im Denken seiner Mitarbeiter zu erkennen.

2. Zielpunkt für eine Mitarbeiterbefragung muss ein echtes *Gestaltungsinteresse* sein. Eine Mitarbeiterbefragung, bei der von vornherein klar ist, dass man eigentlich nichts verändern möchte, frustriert Mitarbeiter zwangsläufig. Trotzdem ist eine Mitarbeiterbefragung kein Weih-

nachtswunschzettel für „anspruchsvolle" Mitarbeiter, die danach ganz enttäuscht sind, wenn nicht die schöne, neue Arbeitswelt unter dem Weihnachtsbaum liegt.

3. Eine Mitarbeiterbefragung ist ein ernstes Feld für professionelle *Organisationsentwickler*. Um es ganz krass auszudrücken: Jede (!) Mitarbeiterbefragung ist im Prinzip so etwas wie eine Operation am offenen Herzen. Bereits die Ankündigung einer Mitarbeiterbefragung ist Teil einer Organisationsentwicklung – genauso wie die Art der Durchführung und die damit betrauten Personen eine hochwirksame Symbolik haben. Deshalb ist eine Mitarbeiterbefragung auch weder Spielwiese für Kommunikationsberater noch Schlachtfeld für Rationalisierungsexperten.

4. Kooperationspartner für eine Mitarbeiterbefragung muss der *Betriebsrat/Personalrat* sein – und zwar vollkommen losgelöst davon, wie weitgehend man seine Mitwirkungsrechte sieht. Widersetzt sich aber Betriebsrat/Personalrat einer ernst gemeinten Mitarbeiterbefragung und will allenfalls eine Showveranstaltung, so gibt es ein fundamentales Problem. Und geht die Unternehmensleitung dann auf die Weichspülwünsche ein, so ist das Problem noch fundamentaler...

5. Hinter einer Mitarbeiterbefragung muss ein *HR-Modell* liegen, bei dem sich die Komponenten der HR-Strategie in den Fragen der Mitarbeiterbefragung abbilden. Anders formuliert: Man muss genau wissen, was man mit welchem Ziel untersuchen will. Auf diese Weise kann die Zahl der Fragen reduziert werden. Dies setzt allerdings substanzielle Arbeiten im Vorfeld voraus.

6. Mitarbeiterbefragungen sind in *kurzen Abständen* (zum Beispiel alle zwei Monate) zu wiederholen. Auf diese Weise kann rasch auf Entwicklungen reagiert werden und der Erfolg von Veränderungsmaßnahmen bereits frühzeitig abgelesen werden. Dies setzt aber ein perfektes Projektmanagement voraus, dass auch *Rückmeldung* an Mitarbeiter und die Festlegung von *Maßnahmen* beinhaltet. Konkret bedeutet dies, dass bereits eine Woche nach der Befragung die Mitarbeiter die Ergebnisse kennen und erste Maßnahmen erfahren müssen.

7. Aus diesem Grund brauchen Mitarbeiterbefragungen Analyseverfahren, die im Kern auf radikale *Komplexitätsreduktion* hinauslaufen. Es macht überhaupt keinen Sinn, kiloweise Papier und Stöße von

Powerpointfolien (automatisch) zu produzieren. Es geht ausschließlich darum, durch ein perfektes Zusammenspiel von Analytikern und Praktikern, die wichtigsten Punkte zu selektieren und mit fokussierenden Aktionen zu kombinieren.

Dass dies alles ausreichende Kompetenzen im Sinne von Befähigungen und Befugnissen bei der Personalabteilung[277] voraussetzt, liegt auf der Hand!

Quellennachweis

[277] *Scholz, Christian*, Kompetenz4HR: Plädoyer für eine etwas andere Personalabteilung, in: *Schwuchow, Karlheinz/Gutmann, Joachim* (Hrsg.), Jahrbuch Personalentwicklung 2011. Ausbildung, Weiterbildung, Management Development, München/Unterschleißheim (Luchterhand) 2011, 5-11.